Germán Tomas
Adrián Acuña

# Biomarcadores do petróleo

**Germán Tomas**
**Adrián Acuña**

# Biomarcadores do petróleo

## Caracterização e estabilidade ambiental de biomarcadores no petróleo da Bacia Austral, Província de Santa Cruz

**ScienciaScripts**

**Imprint**

Any brand names and product names mentioned in this book are subject to trademark, brand or patent protection and are trademarks or registered trademarks of their respective holders. The use of brand names, product names, common names, trade names, product descriptions etc. even without a particular marking in this work is in no way to be construed to mean that such names may be regarded as unrestricted in respect of trademark and brand protection legislation and could thus be used by anyone.

Cover image: www.ingimage.com

This book is a translation from the original published under ISBN 978-613-8-98229-6.

Publisher:
Sciencia Scripts
is a trademark of
Dodo Books Indian Ocean Ltd. and OmniScriptum S.R.L publishing group

120 High Road, East Finchley, London, N2 9ED, United Kingdom
Str. Armeneasca 28/1, office 1, Chisinau MD-2012, Republic of Moldova, Europe
Printed at: see last page
**ISBN: 978-620-7-92418-9**

Conteúdo

# AGRADECIMENTOS

Ao meu Diretor, Dr. Adrián Acuña "Coordenador Geral do Laboratório Regional de Investigação Forense do Poder Judicial da Província de Santa Cruz" por confiar em mim para realizar esta investigação, pelo seu tempo, paciência, colaboração, coordenação nas técnicas e testes utilizados ao longo deste tempo, por ser o meu mentor e guia neste percurso de formação.

À Universidad Tecnológica Nacional - Facultad Regional Santa Cruz por ser a minha segunda casa durante estes cinco anos em que desenvolvi a minha formação doutoral numa instituição tão prestigiada. Ao Reitor, Sr. Sebastián Puig, por apoiar os projectos de investigação que surgiram da minha formação doutoral e por financiar, através da UTN - FRSC, as minhas viagens e estadias nos numerosos congressos em que participei no país.

À Universidad Nacional de la Patagonia Austral por me ter dado a oportunidade de realizar os meus estudos de pós-graduação na sua universidade.

Ao Centro de Investigación y Transferencia de la Provincia de Santa Cruz por me ter dado a oportunidade de realizar esta investigação em resposta à sua economia regional.

Ao CONICET por me ter concedido bolsas ao longo do desenvolvimento deste trabalho de doutoramento.

Ao Poder Judicial da Província de Santa Cruz por me ter facultado o acesso às instalações do Laboratório Regional de Investigação Forense para efetuar a análise cromatográfica das amostras de crude.

À YPF -Tecnología por me ter permitido realizar parte da minha investigação de doutoramento, financiando todas as análises necessárias.

À Fomicruz Sociedad del Estado por me ter fornecido amostras de petróleo bruto do campo petrolífero Del Mosquito e por me ter permitido visitar as suas instalações.

À Compañía General de Combustibles por ser o principal fornecedor das amostras de crude utilizadas neste estudo de doutoramento.

Ao meu codiretor, Dr. Walter Vargas, "Head of the Biotechnology Area of Y-TEC", que me acolheu cordialmente na sua equipa de trabalho, transmitindo os seus conhecimentos e dando importantes contributos para o meu trabalho.

À Bioquímica Liliana Coggiola por me aceitar na Cátedra de Química Geral da Faculdade Regional de Santa Cruz - Universidade Tecnológica Nacional. Por me ter ensinado a ensinar no ambiente universitário durante o processo de formação doutoral.

A Javier Szewczuk pela sua amável ajuda na obtenção de amostras e pelo fornecimento de informações relevantes para o desenvolvimento deste estudo.

Ao Engenheiro Mariano Bertinat, "Secretário de Estado do Meio Ambiente da Província de Santa Cruz", pela sua colaboração e gestão na obtenção das licenças de amostragem para os locais estudados.

Ao engenheiro Leandro Almonacid pela sua colaboração na elaboração da cartografia apresentada tanto na tese de doutoramento como em todas as publicações em revistas.

Ao Dr. Marcos E. Escobar Navarro da Universidade de Zulia, Faculdade de Engenharia, Maracaibo, Venezuela, pelos seus conselhos inestimáveis e desinteressados na interpretação dos resultados obtidos. Que descanse em paz!

À Dra. Sandra Casas, pelos seus conselhos sobre cada uma das questões levantadas durante a minha formação ao longo dos anos.

Às minhas filhas ELUNEY e AMISCIA, por me acompanharem neste percurso, por serem uma razão para não desistir quando eu queria desistir, por serem tudo o que não consigo exprimir em palavras, adoro-vos!

Ao amor da minha vida, Danella, que nunca esqueci e que procurei durante tanto tempo que, após 16 anos, consegui encontrar-te. Porque o nosso amor permaneceu inalterado ao longo dos dias e tu vieste no final da minha carreira para me dar aquele último empurrão, amo-te!

À minha mãe, que partiu antes de eu atingir este objetivo. Onde quer que estejas, obrigado por me teres dado a vida e por me teres protegido perante todas as adversidades por que passaste. Obrigado por me teres incutido a importância do estudo, a sua intangibilidade e o seu valor. Amar-te-ei sempre.

Aos meus irmãos Adolfo e Diego, por sempre me incentivarem e me darem força em todas as decisões, mesmo quando as adversidades surgiam, amo vocês!

À minha tia Raquel, por todos os teus ensinamentos, e pelo amor que me deste como se eu fosse teu filho. Foste um pilar fundamental durante o meu desenvolvimento pessoal e académico, por me motivares sempre a subir mais um degrau nesta escada infinita do conhecimento. Amo-vos.

Aos meus grandes amigos Tomás Contreras e Jesús Ponce por serem como irmãos para mim e, embora a distância seja grande, sabemos que estamos próximos. A todos vós.

Ao meu outro grande amigo e colega Enrique Alum, obrigado por partilhares tempo comigo, por essas conversas coloridas, por esse conhecimento e compreensão da vida que fazem de ti, para mim, uma pessoa com um enorme potencial para atingir qualquer objetivo. Adoro-te.

Por último, dedico este trabalho a todas as pessoas que me apoiaram incondicionalmente.

Obrigado a todos!

# RESUMO

**Título:** "Caracterização e estabilidade ambiental de biomarcadores no petróleo da Bacia Austral, Província de Santa Cruz".

Os derrames de petróleo ou o roubo de petróleo podem ser um problema na Província de Santa Cruz devido à sua natureza produtora de hidrocarbonetos. Esta investigação teve como objetivo avaliar o potencial das moléculas presentes no petróleo bruto, conhecidas como biomarcadores, para responder aos problemas acima mencionados. Com base no exposto, o estudo foi dividido em duas etapas: na primeira, a caraterização química por biomarcadores de 15 amostras de crude leve da Fm Springhill e da Fm Magallanes Inferior (Bacia do Sul), que foram obtidas em quadruplicado durante um ano. Na segunda fase, a partir de um dos crudes previamente analisados, foi efectuado um ensaio de meteorização artificial em condições laboratoriais, tanto em água do mar como no solo, durante 12 meses. O objetivo era avaliar o comportamento dos biomarcadores face a este processo físico, geoquímico e biológico que normalmente altera a composição geral do petróleo quando este é libertado no ambiente. Nas duas instâncias de trabalho, todas as amostras de petróleo bruto foram diluídas em n-pentano e condicionadas com sílica-gel para gerar um extrato incolor. Este foi depois submetido a uma cromatografia de adsorção em coluna sólido-líquido para obter as suas fracções alifáticas e aromáticas. Estas soluções orgânicas foram depois analisadas por um cromatógrafo de gás acoplado a um espetrómetro de massa para determinar os seus perfis de n-alcanos, compostos aromáticos e biomarcadores. Os resultados associados à caraterização química dos 15 petróleos brutos estudados sugerem que a matéria orgânica precursora era de tipo marinho-continental, depositada num ambiente com uma concentração moderada de oxigénio e em que as rochas geradoras (Fm Palermo Aike e Fm Margas Verdes) evidenciavam uma natureza marinha, principalmente associada à sedimentação silico-clástica. No entanto, todos os hidrocarbonetos diferiram entre si com um grau de associação decrescente em torno dos seguintes parâmetros: poço de petróleo > reservatório > profundidade de punção > formação geológica > paleobiodegradação. Por outro lado, a evaporação e a biodegradação foram os fenómenos que promoveram as alterações observadas nas amostras sujeitas a meteorização induzida em laboratório, mas os biomarcadores mantiveram-se estáveis durante o ano de monitorização. Assim, a utilização de biomarcadores como ferramenta de resolução em situações de derrames de hidrocarbonetos ou de roubo, transporte e/ou armazenamento de hidrocarbonetos roubados é viável, uma vez que constituem uma assinatura química única e fiável que identifica cada petróleo bruto.

**Palavras chave:** Esteranes, terranos, Springhill Fm, Lower Magallanes Fm, meteorização artificial.

# 1. INTRODUÇÃO

Apresenta-se de seguida uma revisão dos fundamentos teóricos desta investigação. Começa com o conceito de petróleo, descreve as etapas da sua formação e a composição das suas fracções alifáticas e aromáticas. Posteriormente, é dado destaque à importância dos biomarcadores e das suas relações de diagnóstico no âmbito da indústria petrolífera, ao seu comportamento face à meteorização e ao âmbito desta investigação. Por fim, são desenvolvidas as características gerais da Bacia Austral, ou seja, o seu enquadramento geológico.

## 1.1 Óleo.

O petróleo é uma substância de natureza heterogénea constituída por três fases: sólida, líquida e gasosa (Speight 2014). Está naturalmente localizado sob a superfície da terra como resultado de longos processos. Estes processos incluem a sua geração a partir de matéria orgânica que assentou e depois durante o soterramento em condições favoráveis de temperatura e pressão, a sua maturação a partir de rochas geradoras de hidrocarbonetos, a sua expulsão e migração através de falhas e rochas permeáveis, e finalmente o seu aprisionamento em barreiras impermeáveis conhecidas como armadilhas (Speight 2014). Do ponto de vista da sua composição elementar (Tabela 1), o petróleo é constituído principalmente por C e H. Além disso, os heteroátomos (S-NO) e os metais (V, Ni, entre outros) combinam-se para formar moléculas orgânicas tão simples como o metano até macromoléculas muito complexas como os asfaltenos (Klemt et al. 2020).

**Tabela 1.** Composição química do petróleo bruto *e* do gás. Retirado de López *e* Lo Mónaco (2017).

| Elemento | Concentração no petróleo bruto | Concentração no gás |
|---|---|---|
| **Carbono** | 84 - 87 % | 65 - 80 % |
| **Hidrogénio** | 11 - 14 % | 1 - 25 % |
| **Enxofre** | 0,06 - 2 % | 0 - 0,2 % |
| **Nitrogénio** | 0,1 - 2 % | 1 - 15 % |
| **Oxigénio** | 0,1 - 2 % | 0 % |
| **Vanádio** | 5 - 1300 ppm | Não aplicável |
| **Níquel** | 1 - 150 ppm | Não aplicável |

ppm = partes por milhão.

O petróleo bruto é uma mistura complexa de hidrocarbonetos que existe na fase líquida dos reservatórios petrolíferos preservados em rochas porosas e/ou permeáveis. Mantém o seu estado líquido à pressão atmosférica depois de vir à superfície, mas a sua composição química, viscosidade e gravidade API (American Petroleum Institute) podem variar devido à origem da matéria orgânica nas unidades geológicas e bacias a que pertencem (API 2016).

## 1.1.1 Diagénese, catagénese e metagénese.

A produção de hidrocarbonetos é um processo que se divide em três fases: diagénese, catagénese e metagénese. A diagénese é a alteração biológica, física e química da matéria orgânica nos sedimentos, antes de alterações significativas causadas por temperaturas < 50 °C (Kujawinski et al. 2002; Vargas-Escudero et al. 2021). No início desta fase, um dos principais agentes de transformação da matéria orgânica é a atividade microbiana, através da qual as proteínas e os polissacáridos são degradados em aminoácidos e açúcares simples, respetivamente (Kim et al. 2005; Dowey et al. 2020). Estes monómeros podem ser incorporados em estruturas poliméricas insolúveis através de um processo de policondensação. Estas macromoléculas são conhecidas como substâncias húmicas (ácidos fúlvicos, ácidos húmicos e huminas) e representam mais de 90 % da matéria orgânica presente nos sedimentos (Truskewycz et al. 2019). O querogénio é o produto final da diagénese e é o material a partir do qual se formam os hidrocarbonetos líquidos e gasosos (Vandenbroucke e Largeau 2007). Existem três tipos de querogénio: tipo I (alginite ou sapropelico), tipo II (exinite ou húmico) e tipo III (vitrinite). Além disso, a ideia de um querogénio de tipo IV (inertinite) é levantada porque, em alguns casos, foram observadas características diferentes dos três tipos previamente estabelecidos (Tabela 2).

**Quadro 2:** Tipos de querogénio *e* suas características. Extraído de Vandenbroucke *e* Largeau 2007.

| Tipos | Conteúdo | Matéria orgânica precursora | Gerar |
|---|---|---|---|
| I | Alto teor de C e H e baixo teor de O | Lacustre, ocasionalmente marinho e animal | Petróleo bruto leve |
| II | Moderado em C, H *e* O | Marinhos e animais | Óleo rico em S |
| III | Moderado em C, H *e* O | Matéria orgânica não marinha | Gás natural |
| IV | Partículas inertes | Enferrujado | Carvão |

C = carbono, H = hidrogénio, O = oxigénio, S = enxofre.

A catagénese é o processo pelo qual o querogénio é modificado (química e fisicamente) quando sujeito a pressões e temperaturas elevadas, sendo esta última o fator mais importante. A matéria orgânica presente nas rochas sedimentares é alterada num intervalo de temperaturas que pode variar entre 50 e 150 °C (Vandenbroucke e Largeau 2007; Schito e Corrado 2018). Em condições típicas de soterramento, estas transformações ocorrem ao longo de milhões de anos. Caracterizam-se pela quebra de ligações no querogénio e pela formação de moléculas mais pequenas (desprovidas de oxigénio), que se tornarão parte do betume (Garcette-Lepecq et al. 2000; Vargas-Escudero et al. 2021). Finalmente, a metagénese é um processo em que o querogénio residual e os hidrocarbonetos líquidos são clivados em gás a temperaturas entre 150 e 200 °C. É a fase mais avançada da maturação do betume. É a fase mais avançada de maturação da matéria orgânica antes de entrar no metamorfismo e o CH4 termogénico é o seu principal produto. Nesta altura, as condições são tais que nenhum composto lhes pode resistir e ocorre a clivagem de todos os hidrocarbonetos (Vandenbroucke e Largeau 2007; Dowey et al. 2020). Por outras palavras, estes são os processos que ocorrem numa rocha geradora e estão resumidos na Figura 1.

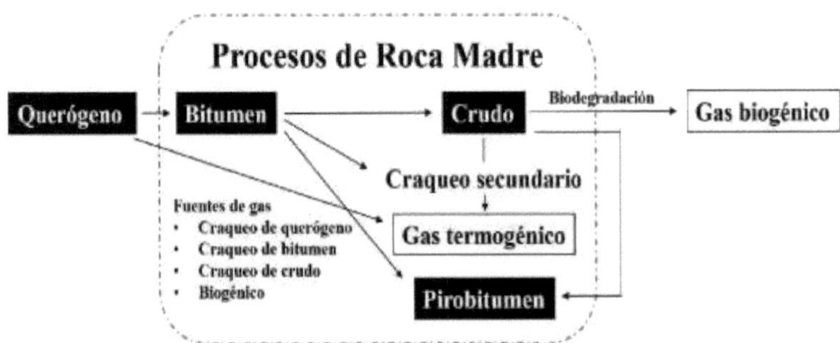


**Figura 1.** Processos que ocorrem numa rocha geradora. Adaptado de Jarvie et al. 2007.

A composição química do petróleo varia em função de vários factores, como a matéria orgânica que lhe deu origem e as condições em que se sedimentou, o tipo de rocha geradora que o gerou e o regime térmico que prevaleceu durante a sua formação, entre outros (López e Lo Mónaco 2017). No entanto, o petróleo pode ser geralmente separado em quatro fracções: alifática, aromática, resina e asfaltenos. De notar que existe uma limitação no estudo das resinas e dos asfaltenos por cromatografia gasosa, uma vez que estes volatilizam acima dos 350 °C, pelo que apenas as fracções mais leves são trabalhadas na investigação de biomarcadores (Stashenko et al. 2014). A primeira fração de óleo é composta por compostos alifáticos, ou seja, sem aromaticidade, e é a mais importante neste tipo de estudos devido ao número de biomarcadores nela presentes (Killops e Killops 2005; Chen et al. 2018). Os grupos alifáticos de interesse para esta Tese foram os n-alcanos e os biomarcadores conhecidos como pristano, fitano, terpanos e esteranos (Peters et al. 2005).

1.1.2.1 n-Alcanos.

Os N-alcanos são os hidrocarbonetos mais abundantes no petróleo e caracterizam-se por uma estrutura molecular de cadeia aberta constituída apenas por carbono e hidrogénio (Kuppusamy et al. 2020). Têm o potencial de fornecer uma grande quantidade de informações sobre os crudes de que fazem parte, e a sua modificação pela meteorização ambiental é um aspeto fundamental da natureza destas investigações (Khan et al. 2018). Todos os n-alcanos envolvidos neste trabalho são apresentados abaixo (Tabela 3).

**Tabela 3:** Nomes, símbolos e fórmulas dos n-alcanos identificados.

| Nome | Símbolo | Fórmula | Nome | Símbolo | Fórmula |
|---|---|---|---|---|---|
| nonano | n-C9 | C9H20 | reitor | n-C10 | C10H22 |
| undean | n-C11 | C11H24 | dodecano | n-C12 | C12H26 |
| tridecano | n-C13 | C13H28 | tetradecano | n-C14 | C14H30 |
| pentadecano | n-C15 | C15H32 | hexadecano | n-C16 | C¼H34 |
| heptadecano | n-C17 | C17H36 | octadecano | n-C18 | C18⅛8 |
| nonadecano | n-C19 | C19H40 | eicosano | n-C20 | C20H42 |
| eneicosan | n-C21 | C21H44 | docosan | n-C22 | C22H46 |
| tricosano | n-C23 | C23H48 | tetracosano | n-C24 | C24H50 |
| pentacosano | n-C25 | C25H52 | hexacosano | n-C26 | C26H54 |
| heptacosano | n-C27 | C27H56 | octacosano | n-C28 | C28H58 |
| nonacosano | n-C29 | C29⅛0 | triacontano | n-C30 | C30½2 |

1.1.2.2 Pristano e fitano.

Os biomarcadores, inicialmente designados por biomarcadores ou fósseis geoquímicos, são moléculas orgânicas, na sua maioria derivadas dos lípidos de organismos vivos (Killops e Killops 2005). Estes compostos contêm informações sobre as condições ambientais em que a matéria orgânica se instalou e os processos de transformação a que foi submetida (Gaines et al. 2009; Orea et al. 2021). He et al. (2018) descreveram os biomarcadores como moléculas complexas presentes no petróleo que se caracterizam por uma elevada estabilidade térmica durante a diagénese e a catagénese. Esta propriedade intrínseca está associada à estrutura química de cada um dos biomarcadores, permanecendo sem grandes alterações estruturais, o que permite inferir os precursores biológicos dos quais derivam (Killops e Killops 2005; Costa de Sousa et al. 2022). Os biomarcadores mais estudados são o pristano (P = 2, 6, 10, 14- tetrametilpentadecano) e o fitano (F = 2, 6, 10, 14-tetrametilhexadecano), devido à facilidade com que são determinados por técnicas analíticas convencionais. O pristano é formado pela degradação diagenética do fitol (uma molécula derivada da clorofila), através de um processo de oxidação, e o fitano deve ser gerado através de um processo de redução, pelo que o rácio P/F dá pistas sobre as condições deposicionais oxidorredutoras (Didyk et al. 1978; Chen et al. 2018). Além disso, são muito importantes na interpretação geoquímica de amostras brutas porque a sua concentração é a mais elevada entre os outros hidrocarbonetos isoprenóides acíclicos presentes nesta fração (Peters et al. 2005). Por outro lado, a razão entre pristano/heptadecano (P/n- C17) e fitano/octadecano (F/n-C18) é utilizada para sugerir o tipo de matéria orgânica precursora (Shanmugam 1985; López et al. 2019).

1.1.2.3 Terpanos.

Outros biomarcadores de interesse são os terpanos pentacíclicos conhecidos como hopanoides, derivados das membranas celulares de organismos procarióticos (El-Sabagh et al. 2018). Os compostos biológicos dos quais derivam, conhecidos como hopanoides, são os que melhor retêm a sua estrutura durante a diagénese e a catagénese (Bost et al. 2001; Kao et al. 2018). Entre os hopanoides, o 17α, 21 β (H) hopano $C_{30}$ (Fig. 2) deve ser observado, pois é geralmente o dominante em amostras brutas, e sua relação com o gammacerano ($G_{30}$) definido como ($G_{30}/H_{30}$) x 100 é um indicador da salinidade presente no meio (Seifert et al. 1984; Han et al. 2019).

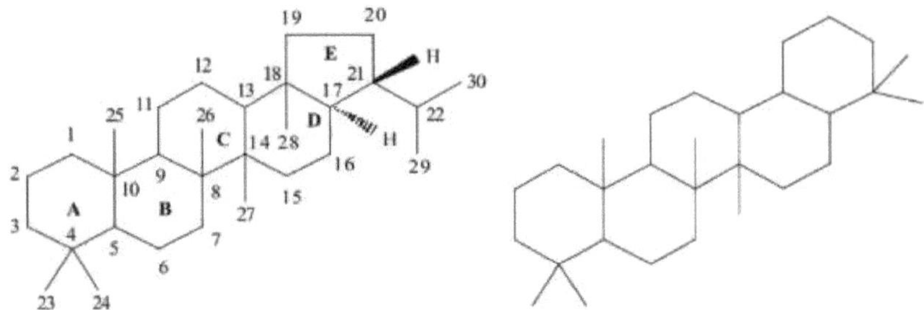

**Figura 2.** Estruturas dos terpanos pentacíclicos conhecidos como hopano $C_{30}$ (esquerda) e gammacerano (direita). Retirado de Peters et al. 2005.

Os terpanos tricíclicos são um grupo menos numeroso, mas muito importante na geoquímica orgânica, pois fornecem informações sobre a litologia da rocha geradora, por exemplo, a predominância do terpano tricíclico $C_{23}$ no fragmentograma correspondente ao íon m/z = 191, em relação aos terpanos $C_{21}$, $C_{22}$ e $C_{24}$, é indicativa da presença de rochas geradoras de carbonato (Alberdi et al. 2001; Inglis et al. 2018). A simbologia e a nomenclatura utilizadas na identificação dos terpanos tri- e pentacíclicos são apresentadas na Tabela 4.

**Tabela 4:** Nomes, símbolos e fórmulas dos terpanos identificados.

| Nome | Símbolo | Fórmula | Nome | Símbolo | Fórmula |
|---|---|---|---|---|---|
| Terpano tricíclico $C_{19}$ | T19 | C19H34 | Trisnoropano $C_{27}$ | Ts | C27H46 |
| Terpano tricíclico $C_{20}$ | T20 | C20H36 | Trisnorneohopano $C_{28}$ | Tm | C27H46 |
| Terpano tricíclico $C_{21}$ | T21 | C21H38 | Norhopane $C_{29}$ | H29 | C29H50 |
| Terpano tricíclico $C_{23}$ | T23 | C23H42 | Hopano $C_{30}$ | H30 | C30H52 |
| Terpano tricíclico $C_{24}$ | T24 | C24H44 | Moretano $C_{30}$ | M30 | C30H52 |
| Terpano tricíclico $C_{25}$ | T25 | C25H46 | Homohopanos $C_{31}$ | H31 | C31H54 |
| Terpano tricíclico $C_{26}$ | T26 | C26H48 | Bishomohopanos $C_{32}$ | H32 | C32H56 |
| Gammacerano $C_{30}$ | G30 | C30H52 | Trishomohopano $C_{33}$ | H33 | C33H58 |

## 1.1.2.4 Esteranos.

Por último, os biomarcadores conhecidos como esteranos (Fig. 3) são moléculas nafténicas com uma estrutura de quatro anéis associadas a organismos eucarióticos (Rangel et al. 2017). Encontram-se sob a forma de esteróis em algas, animais e plantas superiores, fornecendo assim informações sobre a matéria orgânica precursora (Killops e Killops 2005). Os esteranos mais utilizados em geoquímica orgânica contêm 27, 28 e 29 átomos de carbono e são designados por colestanos, ergostanos e estigmastanos, respetivamente (Peters et al. 2005; Orea et al. 2021). Sob certas condições, os esteranos sofrem transposições dos grupos metilo, catalisadas por minerais de argila, adoptando a configuração mais estável termodinamicamente, resultando em compostos conhecidos como diasteranos (Escobar et al. 2012).

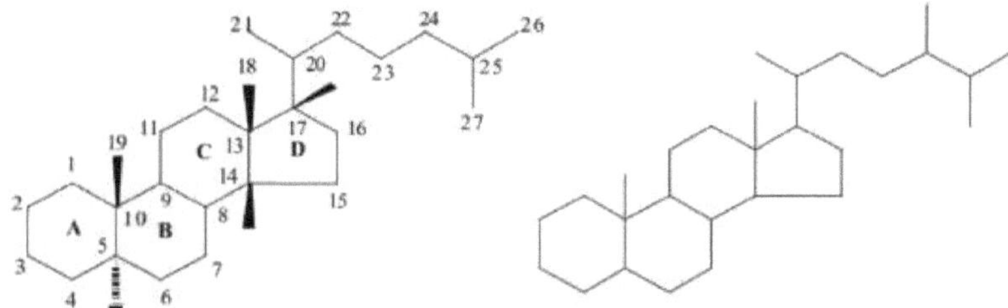

**Figura 3.** estruturas dos esteranos conhecidos como colestano (esquerda) e ergostano (direita). Retirado de Peters et al. 2005.

Os pregnanos também pertencem a este grupo de biomarcadores, mas são caracterizados por um menor número de carbonos na cadeia alifática associada ao tetraciclo (Rangel et al. 2017). A simbologia e nomenclatura utilizada na identificação dos pregnanos, esteranos e diasteranos é apresentada na Tabela 5.

**Tabela 5:** Nomes, símbolos e fórmulas dos esteranos identificados.

| Nome | Símbolo | Fórmula | Nome | Símbolo | Fórmula |
|---|---|---|---|---|---|
| 14β-pregnano C20 | P20 | C21H36 | 20R-14a-colestano C27 | S27 (aR) | C27H48 |
| 14β-pregnano C21 | P21 | C22H38 | 20S-14α-ergostano C28 | S28 (aS) | C28H50 |
| 14β-pregnano C22 | P22 | C23H40 | 20R-14β-ergostano C28 | S28 (βR) | C28H50 |
| 20S-13β-diasterano C27 | D27 (βS) | C27H48 | 20S-14β-ergostano C28 | S28 (βS) | C28H50 |
| 20R-13β-diasterano C27 | D27 (βR) | C27H48 | 20R-14α-ergostano C28 | S28 (aR) | C28H50 |
| 20S-13α-diasterano C27 | D27 (aS) | C27H48 | 20S-14α-estigmastano C29 | S29 (aS) | C29H52 |
| 20R-13α-diasterano C27 | D27 (aR) | C27H48 | 20R-14β-estigmastano C29 | S29 (βR) | C29H52 |
| 20S-14α-colestano C27 | S27 (aS) | C27H48 | 20S-14β-estigmastano C29 | S29 (βS) | C29H52 |
| 20R-14β-colestano C27 | S27 (βR) | C27H48 | 20R-14α-estigmastano C29 | S29 (aR) | C29H52 |
| 20S-14β-colestano C27 | S27 (βS) | C27H48 | | | |

## 1.1.3 Fração Aromática.

A segunda porção do óleo, se considerarmos o aumento da polaridade como uma propriedade, é a fração aromática e é constituída por um grupo de moléculas que apresentam aromaticidade. Entre estes compostos podemos mencionar os hidrocarbonetos policíclicos aromáticos (HAP) e os biomarcadores monoaromáticos (MAS) e triaromáticos (TAS), sendo estes últimos menos abundantes que os seus pares alifáticos (Sivan et al. 2008). No que respeita aos HAP, não são considerados biomarcadores porque a sua origem é inespecífica, ou seja, não é possível traçar com certeza uma via paleobiogeoquímica que indique os precursores e/ou intermediários até chegarem a eles (Summons e Lincoln 2012). No entanto, são também uma ferramenta útil nesta disciplina, uma vez que fornecem informações valiosas. Por exemplo, o rácio de diagnóstico (DR) de dibenzotiofeno (DBT) para fenantreno (Ph) representado como uma função do rácio P/F é utilizado para sugerir a litologia da rocha de origem (Hughes et al. 1995; Walters et al. 2018). Além disso, o metilfenantreno é usado como um parâmetro de maturidade e experimentalmente correlacionado com a reflectância vitrinita (Ro) para determinar a evolução térmica dos óleos crus (Abdulazeez e Fantke 2017). Portanto, na geoquímica orgânica, essas moléculas são conhecidas como marcadores aromáticos e as que foram integradas neste trabalho são apresentadas na Tabela 6.

**Quadro 6:** Nomes, símbolos e fórmulas dos HAPs identificados.

| Nome | Símbolo | Fórmula | Nome | Símbolo | Fórmula |
|---|---|---|---|---|---|
| naftaleno | N | C10H8 | 2,3,6 trimetilnaftaleno | TMN | C13H14 |
| 2-metilnaftaleno | 2-MN | C11H10 | 1,2,7 trimetilnaftaleno | TMN | C13H14 |

| | | | | | |
|---|---|---|---|---|---|
| 1-metilnaftaleno | 1-MN | $C_{11}H_{10}$ | 1,2,6 trimetilnaftaleno | TMN | $C_{13}H_{14}$ |
| 2-etilnaftaleno | 2-PT | $C_{12}H_{12}$ | 1,2,4-trimetilnaftaleno | TMN | $C_{13}H_{14}$ |
| 1-etilnaftaleno | 1-PT | $C_{12}H_{12}$ | 1,2,5 trimetilnaftaleno | TMN | $C_{13}H_{14}$ |
| 2,6 + 2,7 dimetil naftaleno | DMN | $C_{12}H_{12}$ | fenantreno | Ph | $C_{14}H_{10}$ |
| 1,3 + 1,7 dimetilnaftaleno | DMN | $C_{12}H_{12}$ | 3-metilfenantreno | 3-MP | $C_{15}H_{12}$ |
| 1,6 dimetilnaftaleno | DMN | $C_{12}H_{12}$ | 2-metilfenantreno | 2-MP | $C_{15}H_{12}$ |
| 1,4 + 2,3 dimetilnaftaleno | DMN | $C_{12}H_{12}$ | 9-metilfenantreno | 9-MP | $C_{15}H_{12}$ |
| 1,5 dimetilnaftaleno | DMN | $C_{12}H_{12}$ | 1-metilfenantreno | 1-MP | $C_{15}H_{12}$ |
| 1,2-dimetilnaftaleno | DMN | $C_{12}H_{12}$ | dibenzotiofeno | DBT | C12H8S |
| 1,3,7 trimetilnaftaleno | TMN | $C_{13}H_{14}$ | 4-metildibenzotiofeno | 4-MeDBT | C13H10S |
| 1,3,6 trimetilnaftaleno | TMN | $C_{13}H_{14}$ | 2 + 3-metildibenzotiofeno | 2+3-MeDBT | C13H10S |
| 1,3,5-trimetilnaftaleno | TMN | $C_{13}H_{14}$ | 1-metildibenzotiofeno | 1-MeDBT | C13H10S |

## 1.2 Biomarcadores: caraterização do local.

A química do petróleo está intrinsecamente associada à matéria orgânica de que é derivado. Esta herança reflecte-se principalmente nos biomarcadores, compostos que podem ser diretamente ligados aos seus precursores biológicos e cujo esqueleto é preservado de tal forma que é reconhecível apesar de ser submetido a altas pressões e temperaturas (Peters et al. 2005; Costa de Sousa et al. 2022). Em comparação com os n-alcanos e os PAH, as concentrações de biomarcadores são baixas, geralmente da ordem de partes por milhão. No entanto, podem ser detetados utilizando a espetrometria de massa acoplada à cromatografia gasosa (GC/MS; Walters et al. 2018; Rodriguez et al. 2020). Devido à variedade de condições geológicas em que o petróleo se forma, cada tipo de petróleo bruto apresenta um "biomarcador" ou uma impressão digital "protobiogénica" única que o identifica. Ou seja, uma combinação única de moléculas que varia, em maior ou menor grau, consoante as condições de deposição que regeram a bacia, o reservatório e/ou o poço de petróleo, de modo a poderem ser individualizadas (Adedosu et al. 2012; Lorenzo et al. 2018). Além disso, este padrão caraterístico de biomarcadores permite sugerir a natureza da matéria orgânica, o ambiente deposicional, a maturidade térmica, a litologia da rocha de origem (Fang et al. 2019). Esta investigação propõe que uma base de dados preliminar dos respetivos poços de petróleo possa ser gerada a partir da determinação de biomarcadores em 15 amostras de petróleo bruto obtidas de vários reservatórios na Bacia Austral. Isto forneceria informações sobre o tipo de rocha de origem e matéria orgânica, a presença ou ausência de oxigénio e se ocorreram processos de paleobiodegradação, entre outros. A caraterização de reservatórios de petróleo através de estudos geoquímicos não convencionais utilizando biomarcadores tem sido pouco desenvolvida na Bacia Austral (Cagnolatti e Curia 1990; Cagnolatti et al. 1996). Isto deve-se em parte ao facto de muitos óleos extraídos das suas unidades de reservatório serem de maturidade térmica elevada a muito elevada e terem geralmente baixas concentrações de biomarcadores (Rodriguez et al. 2008). Assim, uma compreensão mais profunda dos sistemas produtivos através destas análises, sempre que possível, permitiria o desenvolvimento de ferramentas para melhorar a produção dos reservatórios nesta bacia, ou seja, uma contribuição complementar aos resultados gerados noutras disciplinas desta ciência como a Geofísica, a Geoquímica Inorgânica e a Geoquímica Orgânica que derivam num estudo abrangente do reservatório analisado.

### 1.2.1 Relações de diagnóstico.

A concentração absoluta de biomarcadores, n-alcanos e PAHs é determinada em amostras de petróleo bruto quando se trabalha com padrões de referência (Peters et al. 2005; Lundberg 2019). No entanto, devido aos custos envolvidos, as composições relativas também podem ser determinadas. A natureza complexa do petróleo significa que os valores de concentração oscilam entre réplicas da mesma amostra, pelo que, para ultrapassar este inconveniente, são calculados parâmetros conhecidos como RD (Tabela 7; Wang et al. 2006; Yang et al. 2023). Com este procedimento, embora as concentrações independentes das moléculas analisadas flutuem, assume-se que os RDs permanecem constantes. Isto permite que as amostras do mesmo poço sejam comparadas quanto à variabilidade ao longo do tempo ou que os crudes de diferentes poços e/ou reservatórios sejam caracterizados geoquimicamente (Killops e Killops 2005). A utilização de RDs complementa os métodos de caraterização de crudes existentes, mas tem as suas próprias vantagens (Lundberg 2019). A distribuição de n-alcanos, aromáticos e biomarcadores é específica da fonte, ou seja, difere de petróleo bruto para petróleo bruto. Além disso, os DRs determinados são proporções relativas e estão sujeitos a pouca interferência de flutuações na concentração de compostos individuais. Por conseguinte, podem refletir com maior precisão as diferenças dos compostos analisados entre amostras (Kienhuis et al. 2019). A Tabela 7 apresenta alguns dos RDs utilizados neste estudo para caraterizar cada um dos petróleos brutos e avaliar a sua estabilidade ao longo do tempo a partir dos poços de onde foram extraídos.

**Tabela 7:** Rácios de diagnóstico utilizados no estudo do biomarcador.

| RDs | Fórmula | Utilidade |
| --- | --- | --- |
| P/F | = pristane / fitane | ambiente deposicional |
| P/n-C17 | = pristano / heptadecano | biodegradação |
| F/n-C18 | = fitano / octadecano | biodegradação |
| n-C29/n-C17 | = nonacosano / heptadecano | tipo de matéria orgânica |
| H29 / H30 | = noropano C29 / hopano C30 | tipo de litologia |
| M30 / H30 | = moretan / hopane C30 | tipo de litologia |
| IMP | = (2-MP + 3-MP) x 1,5 / P + 9-MP + 1-MP | estado de maturidade |
| Rc | = 0,55 x IMP + 0,44 | estado de maturidade |

IMP = índice de metilfenantreno, MP = metilfenantreno, Rc = reflectância calculada da vitrinite.

## 1.3 Biomarcadores: estabilidade ambiental.

O petróleo é o recurso natural não renovável mais utilizado pelos seres humanos. Muitas actividades industriais utilizam-no como fonte de energia ou matéria-prima para milhares de substâncias e produtos de uso diário ou industrial (Cortes et al. 2010). Os depósitos de combustíveis fósseis não estão uniformemente distribuídos pelo globo, mas a procura de combustíveis fósseis é elevada, especialmente na maioria dos países industrializados, e o transporte internacional em todo o mundo requer principalmente navios. Consequentemente, este consumo excessivo de petróleo gera impactos negativos nos seres humanos e no ambiente, quer indiretamente, através das emissões de $CO_2$, quer diretamente, através de eventuais derrames de petróleo bruto e/ou seus derivados (Zhang et al. 2015). Parte da legislação ambiental atual procura estabelecer o grau de contaminação de um ecossistema sujeito a atividade industrial e determinar a sua origem (Han et al. 2018). No caso particular da Argentina, esta situação está contemplada na Lei de Hidrocarbonetos (17.319) para a contaminação por petróleo. Por isso, a implementação da caraterização geoquímica de hidrocarbonetos de diferentes fontes serviria para responder a problemas ambientais ligados ao derramamento acidental e/ou intencional deste recurso. Além disso, incluiria os actos ilícitos que envolvem o roubo de petróleo em qualquer ponto das instalações pertencentes aos operadores que, durante o processo, poderiam levar ao primeiro ponto (Orta-Martínez et al. 2018). Isto permitiria responsabilizar as companhias petrolíferas envolvidas nos incidentes pelos danos causados, através da reparação dos locais afectados e do pagamento das respectivas multas. Por outro lado, qualquer pessoa suspeita de roubo, posse e distribuição ilegal de petróleo bruto poderia ser processada (Arekhi et al. 2021). Por outras palavras, isto pode ser alargado à comercialização fraudulenta de petróleo bruto e derivados porque permite identificá-los em condições de proveniência e/ou apreensão duvidosas (Yavari et al. 2015). Finalmente, geraria uma melhor compreensão do comportamento dos hidrocarbonetos nos ecossistemas e uma melhor monitorização dos processos de meteorização numa grande variedade de condições ambientais (Rodríguez et al. 2018).

**1.3.1 Meteorização.**

Quando ocorre um derrame de petróleo, dá-se início a um mecanismo de defesa natural nos ecossistemas afectados, conhecido como meteorização, que promove a remediação natural das áreas afectadas pelos componentes do petróleo (Wang et al. 2007). A meteorização é um processo físico, geoquímico e biológico que altera a composição do petróleo bruto (Salat et al. 2020). Tanto na geoquímica do petróleo como nos estudos de impacto ambiental, o conhecimento dos mecanismos, tempos de residência e intermediários químicos são essenciais para descrever a base científica e técnica deste fenómeno (Reyes et al. 2014). Estudos recentes relatam os mecanismos envolvidos na degradação do petróleo, e é sabido que cada hidrocarboneto possui etapas únicas em seu processo de degradação. Estes processos não estão apenas associados às características físico-químicas do petróleo bruto, mas também são influenciados por factores biofísico-geoquímicos em torno da área afetada (Ron e Rosenberg 2014). Todos os componentes do petróleo, incluindo os biomarcadores, podem ser alterados física e geoquimicamente por factores bióticos e abióticos, mesmo na rocha reservatório, desde as fases exploratórias até ao transporte e eventuais derrames (Joo et al. 2013). Este processo de meteorização inclui fenómenos como a biodegradação, a dispersão, a emulsificação, a evaporação, a fotooxidação e a deposição que actuam de forma sinérgica, quebrando, deteriorando ou oxidando as moléculas orgânicas. A adsorção de óleo ou seus derivados também é possível quando adicionados a material particulado suspenso na coluna d'água ou distribuído no solo (Cai et al. 2013; Garcia et al. 2019). A Tabela 8 apresenta uma breve descrição dos processos mencionados quando os petróleos brutos são derramados sobre massas de água ou sistemas do tipo solo.

**Tabela 8.** Processos que actuam sobre os derrames de petróleo. Adaptado de Reyes et al. 2014.

| Processo | Tipo | Mecanismo | Efeito |
|---|---|---|---|
| Adsorção | Físico-químico | Interacções electrostáticas | Adesão do petróleo bruto às partículas em suspensão. |
| *Biodegradação* | Bioquímico | Oxidação/decomposição por microrganismos | Modificações físico-químicas das moléculas. |
| *Dispersão* | Físico | Turbulência da água | Separação da mancha de óleo em gotículas. |
| *Dissolução* | Físico-químico | Temperatura e turbulência da água | Solubilização dos componentes do óleo. |
| *Emulsificação* | Físico-químico | Temperatura e turbulência da água | Gotas de petróleo bruto em água (misturas metaestáveis). |
| *Evaporação* | Físico-químico | Temperatura e turbulência da água | Volatilização de componentes do petróleo bruto. |
| *Fotooxidação* | Físico-químico | Ação da luz, especialmente da radiação ultravioleta e do oxigénio | Quebra de hidrocarbonetos em pequenas moléculas. |

A meteorização do óleo pode ser avaliada de três formas diferentes. Em primeiro lugar, pela presença ou ausência dos seus componentes. Em segundo lugar, pela abundância molecular relativa do petróleo. Por fim, parametricamente, utilizando relações entre alturas, áreas ou concentrações de biomarcadores e/ou compostos de interesse geoquímico conhecidos como RDs (Stout e Wang 2016). Isto constitui a base das análises ambientais relacionadas com derrames de petróleo, uma vez que os biomarcadores têm a capacidade de resistir à meteorização. Além disso, podem relacionar potenciais fontes de contaminação ou diferenciar entre diferentes tipos de petróleo bruto envolvidos nestes eventos (John et al. 2018). Na maioria dos casos, a coincidência ou não coincidência da distribuição de biomarcadores é uma forte evidência de correlação positiva ou negativa entre o petróleo bruto derramado e as fontes suspeitas. No entanto, o acima exposto não é conclusivo, porque em áreas de intemperismo, os padrões de distribuição são modificados. Isto resulta numa perda da informação original, tornando a correlação mais difícil e exigindo a utilização de outras ferramentas (Wang e Fingas 2003; Lobao et al. 2022). A meteorização afecta o estado de diferentes biomarcadores e compostos no petróleo bruto, e a sua abundância molecular indica a deterioração e o tempo de residência desses compostos (Stout e Wang 2007).

Em geral, os biomarcadores retêm uma grande quantidade de informação do petróleo original, e esta semelhança estrutural revela informações muito específicas sobre a origem do petróleo derramado. Por vezes, as amostras de crude que estão a ser comparadas são quimicamente semelhantes, ou seja, os perfis de hidrocarbonetos apresentam pouca variação entre si, o que também representa uma dificuldade na resolução do problema. Para além disso, há situações em que existe mais do que uma fonte suspeita responsável por um derrame de petróleo acidental ou intencional (Wang et al. 2000; Oliveira et al. 2020). Por outro lado, as características químicas da fonte e os biomarcadores persistentes de intemperismo são um contributo fundamental para as investigações forenses ambientais na determinação da fonte e na correlação do petróleo bruto (Wang et al. 2001; Yang et al. 2023). Estas questões podem ser resolvidas através da análise e comparação de padrões e perfis de biomarcadores, uma vez que estes são amplamente utilizados para a correlação do petróleo em estudos forenses ambientais.

## 1.4 Enquadramento geológico.

A Bacia Austral formou-se durante o Triássico-Jurássico e está localizada no extremo sul da Patagónia (Fig. 4). A norte é delimitada pelo Maciço de Deseado, um alto estrutural no centro-norte da Província de Santa Cruz. A noroeste, liga-se à parte ocidental da bacia do Golfo San Jorge, que se situa entre o norte da província de Santa Cruz e o sul da província de Chubut (Ramos et al. 2019). [2]Um quarto da bacia está em território chileno, na ilha da Terra do Fogo e ao norte do Estreito de Magalhães, e o restante na Argentina, cobrindo uma área de 162.000 km (Aramendia et al. 2018). Possui uma plataforma estável (território continental) que cobre uma faixa de aproximadamente 600 km de comprimento por um máximo de 150 km de largura, anexada à costa marítima das províncias de Santa Cruz e Terra do Fogo (Barberón et al. 2015). Segue-se o sector offshore, que abrange todo o litoral marítimo, desde a costa até ao Alto de Dungeness na Argentina e parte do Estreito de Magalhães no Chile. Continua com um talude oceânico e uma bacia localizada no centro oeste da província, documentando abundantes manifestações de hidrocarbonetos no sector mais profundo da bacia (Zerfass et al. 2017).

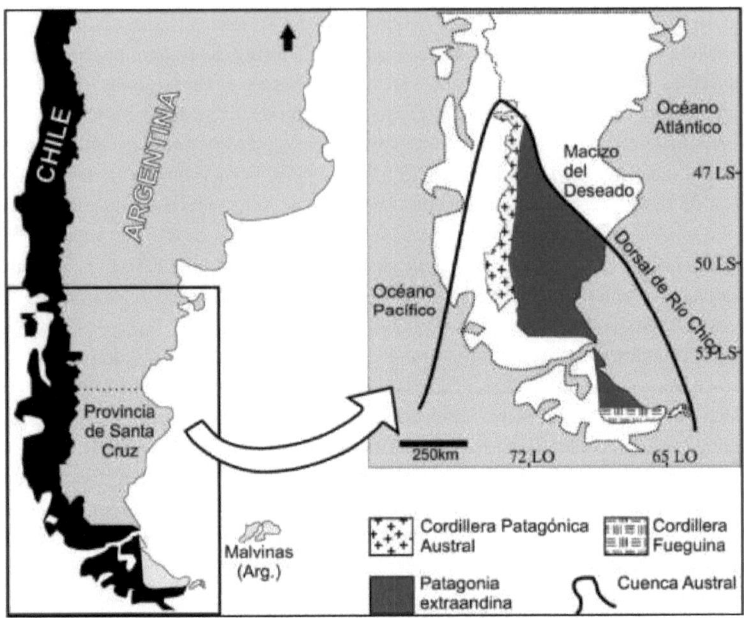



**Figura 4.** Localização geográfica da Bacia Austral e as províncias geológicas em que se desenvolve. Retirado de Richiano et al. 2012.

O desenvolvimento da Bacia Austral está fortemente ligado à evolução geodinâmica da curvatura dos Andes mais meridionais (lado côncavo), enquanto o sector da dobradiça contém o depocentro mais espesso (Diraison et al. 2000). Após a acreção cratónica paleozóica-triássica tardia e a consolidação do subsolo (Giacosa et al. 2012), um evento extensional jurássico estabeleceu o substrato da bacia. Durante a extensão do Gondwana, a bacia oceânica de Green Rocks abriu-se ao longo da margem do continente (Calderón et al., 2016). Além disso, um sistema regional de rifte orientado de N-S a NE-SW com enchimento de sinrifte de sequências continentais e vulcânicas afetou toda a bacia (Cuitiño et al. 2019). A fase de rifte da sedimentação na Bacia Austral ocorreu durante o Jurássico Superior tardio e o início do Cretáceo. Esta fase extensional corresponde à Fm Tobifera, que tem uma espessura variável que vai de 100 a mais de 1000 m, e é composta principalmente por sequências vulcano-sedimentares (Poiré e Franzese, 2010). Sobreposto a este complexo está o Springhill Fm, que representa o enchimento transgressivo inicial das fossas e semifossas (Cuitiño et al. 2019). Esta unidade foi definida pela primeira vez em estudos de subsuperfície e representa o reservatório convencional mais importante da Bacia Austral (Schwarz et al. 2011). Após a fase de rifting no Jurássico Superior, iniciou-se na bacia um ciclo tectónico transgressivo caracterizado pela deposição da Fm Inoceramus Inferior composta por xistos ricos em orgânicos (Gallardo 2014). A fase de subsidência continuou durante o Cretáceo Médio com a deposição da Fm Green Marl, representada por xistos calcários e argilitos marinhos, assinalando o início de um novo ciclo tectónico. As unidades de reservatório terciárias da bacia são representadas por arenitos típicos em duas unidades: Magallanes Inferior (Paleoceno-Eoceno) e Magallanes Superior (Eoceno tardio - Mioceno inicial). A primeira assenta inconformavelmente no Cretáceo e é composta por arenitos e xistos glauconíticos e quartzosos, depositados num ambiente marinho (Mpodozis et al. 2011). A segunda é composta por conglomerados, arenitos, xistos e leitos de lenhite, depositados num ambiente fluvial a marinho marginal (Barberón et al. 2015). A formação Miocénica sobrejacente é representada por depósitos continentais da Fm Santa Cruz. A Figura 5 mostra um diagrama estratigráfico da Bacia Austral para diferentes localidades da bacia, mostrando as unidades tradicionais de subsuperfície.

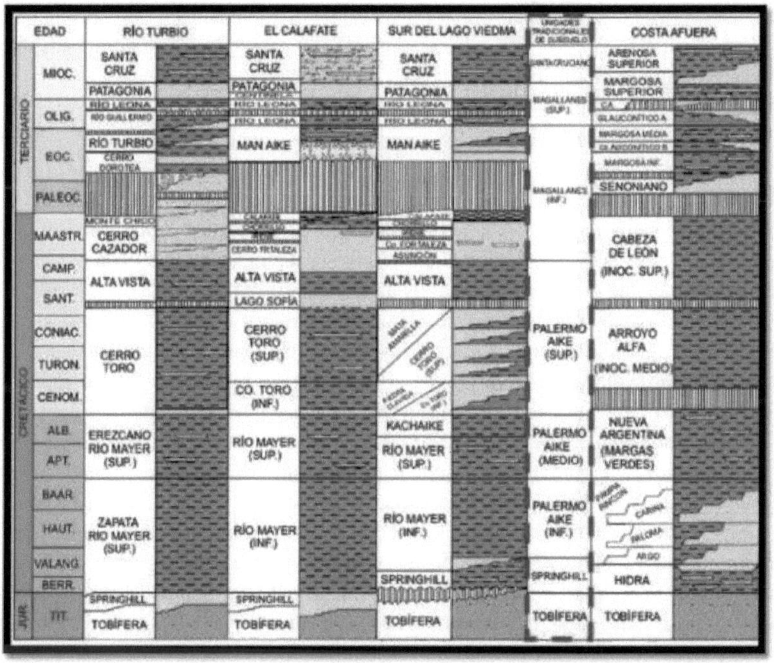

**Figura 5.** Diagrama estratigráfico de diferentes localidades na Bacia Austral. Adaptado de Schiuma et al. 2018.

Com base em algumas evidências de correlações entre rochas geradoras e hidrocarbonetos, foram reconhecidos seis sistemas petrolíferos na Bacia Austral, dos quais três são classificados como conhecidos: "Palermo Aike/Inoceramus Inferior - Springhill", "Margas Verdes - Magallanes Inferior" e Tobifera - Tobifera/Springhill (Rodríguez et al. 2008). A Fm Springhill é a principal rocha reservatório da bacia, conhecida desde a década de 1940 por ter fornecido praticamente todos os recursos de hidrocarbonetos descobertos até à data, no entanto, existem várias unidades de reservatório de petróleo e gás na Fm Magallanes Inferior (Cagnolatti e Miller 2002). Estudos geoquímicos recentes de petróleo de diferentes reservatórios na Fm Springhill e na Fm Magallanes Inferior mostram que eles têm semelhanças e diferenças. Em vários casos, é difícil determinar se estas diferenças se devem à contribuição de diferentes rochas geradoras ou a outros factores, tais como: variações nas fácies geradoras, maturidade térmica, processos de alteração no reservatório, pequenas alterações e contribuições durante a migração e, finalmente, problemas de amostragem (Rodriguez et al. 2008).

Durante a evolução da bacia houve um enterramento progressivo das rochas geradoras que favoreceu a geração de hidrocarbonetos. A Fm Palermo Inferior Aike/Inoceramus Inferior foi caracterizada por um querogénio misto (tipo II/III) que foi determinado a partir dos resultados

dos índices de hidrogénio e oxigénio obtidos por pirólise de rocha - eval (Belotti et al. 2014). A acumulação deste tipo de matéria orgânica está relacionada com o impacto anóxico no cinturão de subsidência da laje sul-americana (Legarreta & Villar 2011). Neste sentido, os pelitos geradores da Fm Margas Verdes têm sido correlacionados com o petróleo marinho no sector sul da bacia (Pittion e Gouadain, 1992; Pittion e Arbe 1999). Por outro lado, a rocha geradora conhecida como Série Tobifera tem fácies associadas que se acumularam em condições lacustres restritas, dando origem a querogénios do Tipo III e, em menor grau, do Tipo I (Legarreta & Villar 2011).

## 1.5 Declaração do problema.

A Bacia Austral, que contém gás, possui numerosos depósitos de hidrocarbonetos ligeiros em resultado da sua complexa história geológica. Atualmente, estão em curso planos de desenvolvimento para descobrir e produzir as suas reservas de petróleo. No entanto, a informação relacionada com os biomarcadores do petróleo bruto foi pouco desenvolvida nos últimos 30 anos nesta área. Neste trabalho, parte-se da hipótese de que cada petróleo bruto extraído de um poço de petróleo tem uma assinatura química única e estável formada por um conjunto ou padrão de biomarcadores que permitirá a caraterização geoquímica das amostras de petróleo bruto. Além disso, a avaliação do seu comportamento ao longo do tempo garantirá ou não a sua reprodutibilidade. Finalmente, será desenvolvida uma análise de clusters para determinar o grau de parentesco dos petróleos brutos na bacia. Se estes resultados forem positivos, têm o potencial de gerar uma base de dados que permitirá a rastreabilidade de cada um dos crudes da bacia, com a sua consequente aplicação em litígios por roubo, transporte, armazenamento e distribuição de hidrocarbonetos roubados. Por outro lado, a recalcitrância destes biomarcadores à meteorização será também avaliada quando os crudes forem expostos a condições laboratoriais durante um ano em reactores com água do mar e solo. Se estas moléculas se mantiverem estáveis durante o tempo definido, o seu comportamento poderá ser extrapolado para situações de contaminação ambiental por derrames acidentais ou intencionais de crude, encontrando assim os responsáveis que deverão ser levados a tribunal.

## 1.6 Objetivo geral.

Avaliar a distribuição de biomarcadores no petróleo de diferentes campos petrolíferos da Bacia Austral, província de Santa Cruz, com o objetivo de gerar informação que possa ser aplicada para identificar possíveis derrames no meio ambiente.

### 1.6.1 Objectivos específicos.

**SO1:** Avaliar perfis de biomarcadores em amostras de crude dos reservatórios Del Mosquito, Campo Indio, Cañadón Salto e La Maggie, ligados à Fm Springhill, e dos reservatórios Agua Fresca e María Inés associados à Fm Magallanes Inferior.

**SO2:** Avaliar a origem dos petróleos brutos associados aos diferentes reservatórios estudados em termos dos perfis de biomarcadores encontrados.

**SO3:** Conhecer a estabilidade ambiental dos diferentes biomarcadores encontrados nas amostras de petróleo bruto estudadas.

## 1.7 Hipótese.

**H1:** O conjunto de biomarcadores numa amostra de hidrocarbonetos constitui uma impressão digital ou assinatura química única para cada petróleo bruto e a sua composição não varia dentro de um reservatório geológico em escalas temporais humanas.

**H2:** Os biomarcadores têm a capacidade de resistir aos processos de meteorização em menor ou maior grau, dependendo das condições ambientais, do tipo de sistema afetado e do tempo de permanência do petróleo bruto no sistema.

**H3:** Os biomarcadores têm potencial como ferramenta para resolver problemas relacionados com derrames de petróleo acidentais e/ou intencionais e, além disso, para resolver litígios relacionados com o roubo de petróleo.

Este capítulo descreve os procedimentos que foram realizados para atingir os objectivos definidos nesta investigação.

## 2.1 Amostras de petróleo bruto.

Para o desenvolvimento deste estudo, foram seleccionados 15 poços de petróleo de seis campos estrategicamente localizados na Bacia Austral (Fig. 6). Quase todas as amostras de crude foram fornecidas pela Compañía General de Combustibles (CGC). Apenas as amostras de hidrocarbonetos extraídas do campo Del Mosquito foram fornecidas pela Fomicruz Sociedad del Estado. Além disso, só foram obtidas quatro amostras de crude de cinco poços no período de um ano, uma vez que, devido a situações imprevistas nos outros, só se teve acesso a 2 ou 3 amostras. A Tabela 9 mostra em pormenor o nome e o número de amostras, os respectivos reservatórios, formações geológicas e profundidades de perfuração.

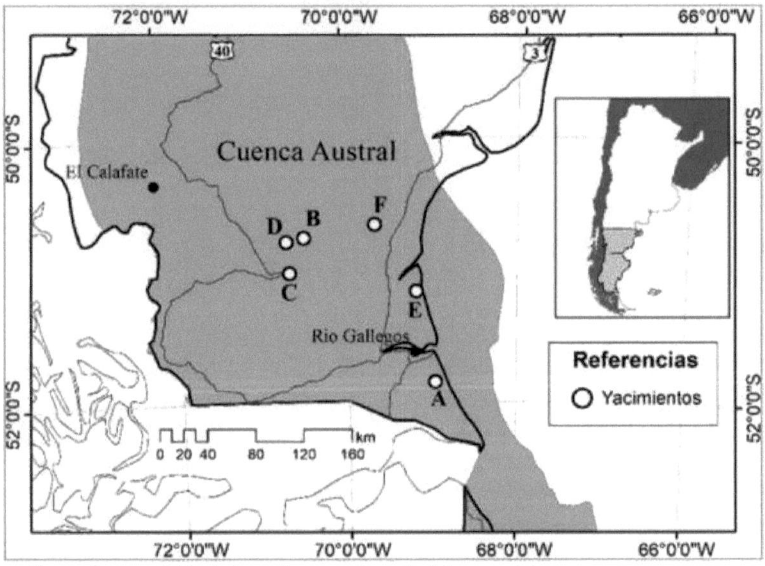


**Figura 6:** Extrato do mapa da Bacia Austral mostrando os depósitos estudados.
Del Mosquito (A), Agua Fresca (B), María Inés (C), Campo Indio (D), Cañadón Salto (E) e La Maggie (F).

**Tabela 9.** Descrição das amostras em estudo.

| Nome | Amostras | Sítio | Formação | Perfuração | Coordenadas | Coordenadas |
|---|---|---|---|---|---|---|
| AC | | Do Mosquito | Springhill | 1300 m | 51°51' 16" S | 68° 57' 42" W |
| AS | | Do Mosquito | Springhill | 1300 m | 51° 53' 03" S | 68° 58' 31" W |
| AN | | Do Mosquito | Springhill | 1300 m | 51° 47' 47" S | 68° 59' 01" W |
| BI | | Água doce | Baixo Magalhães | 1400 m | 50° 44' 41" S | 70° 30' 60" W |
| BM | | Água doce | Baixo Magalhães | 1400 m | 50° 46' 01" S | 70° 30' 20" W |
| BS | | Água doce | Baixo Magalhães | 1400 m | 50° 45' 29" S | 70° 33' 11" W |
| IC | | María Inés | Baixo Magalhães | 1600 m | 51° 02'21 "S | 70° 37' 38" W |
| CO | | María Inés | Baixo Magalhães | 1650 m | 50° 59' 58" S | 70° 45' 18" W |
| BD | | Campo Índio | Springhill | 3000 m | 50° 47' 01" S | 70° 43' 18" W |
| DA | | Campo Índio | Springhill | 3000 m | 50° 46' 43" S | 70° 43' 34" W |
| EB | | Cañadón Salto | Springhill | 1320 m | 51° 10' 34" S | 69° 11' 24 "W |
| EA | | Cañadón Salto | Springhill | 1320 m | 51° 08'54 "S | 69° 12' 44" W |
| FI | | A Maggie | Springhill | 1500 m | 50° 38' 47" S | 69° 40' 53" W |

| FM | A Maggie | Springhill | 1500 m | 50° 39' 18" S | 69°41' 23 "W |
| FS | A Maggie | Springhill | 1500 m | 50° 39' 36" S | 69°41' 11 "W |

As amostras foram recolhidas e transportadas para o laboratório em garrafas de vidro de um litro (cor âmbar) previamente lavadas. A coloração caramelo das garrafas impediu o desenvolvimento de reacções fotoquímicas sobre os hidrocarbonetos. Durante o enchimento das garrafas, foi evitada a formação de uma câmara de ar para minimizar o impacto do oxigénio na estabilidade das amostras e a ocorrência de processos de biodegradação estimulados por um microambiente óxico. Finalmente, foram armazenadas num local escuro e seco à temperatura ambiente até à realização das análises no prazo de 72 horas.

As técnicas utilizadas para acondicionar e analisar as amostras de petróleo bruto foram divididas de acordo com os objectivos específicos da investigação, uma vez que implicam diferentes estratégias de trabalho. Em primeiro lugar, são apresentadas técnicas experimentais para determinar os perfis de biomarcadores dos petróleos brutos estudados e estabelecer o seu grau de relação em função do reservatório, da formação geológica e do número de amostras recolhidas durante a experiência. Em segundo lugar, são desenvolvidas as metodologias necessárias para avaliar a estabilidade ambiental dos biomarcadores de uma das amostras de petróleo bruto no solo e na água do mar.

### 2.1.1 Determinação dos compostos de interesse.

**2.1.1.1** Acondicionamento de amostras de petróleo bruto.

Tendo em conta a norma Texas TNRCC (1006), as amostras foram acondicionadas por dois processos, consoante o tipo de análise cromatográfica utilizado. O primeiro envolveu a diluição das amostras brutas (1/100) com n-pentano e a sua posterior limpeza com um grama de gel de sílica para obter uma solução translúcida. A partir dela, obteve-se posteriormente o cromatograma iónico total (TIC), que foi definido como extrato TIC. Em segundo lugar, os óleos brutos foram fraccionados por cromatografia de adsorção em coluna sólido-líquido em hidrocarbonetos saturados, compostos aromáticos e resinas-asfaltenos. As amostras foram submetidas a uma separação numa coluna de vidro (20 cm x 1,2 cm) com 3 g de sílica gel (activada a 150 °C durante um período de 24 horas numa estufa), à qual foram adicionados 50 mg de sulfato de sódio ativado e 50 mg de alumina activada. Cerca de 100 µL de petróleo bruto foram semeados na coluna, sendo depois eluídos sucessivamente com 10 mL de n-pentano e 10 mL de diclorometano, para obter os extractos alifáticos e aromáticos, respetivamente, ficando retidas na coluna as fracções pesadas conhecidas como resinas e asfaltenos (Fig. 7). As fracções alifáticas e aromáticas foram concentradas separadamente para 0,5 mL sob fluxo de azoto, transferidas para um frasco de cromatografia e armazenadas a -15 °C até à análise.

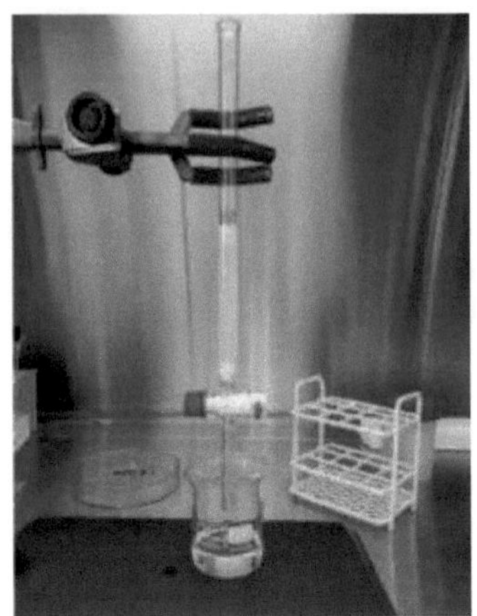

**Figura 7:** Cromatografia em coluna de uma das amostras brutas.

**2.1.1.2** Análise cromatográfica de amostras de petróleo bruto.

Com base nas publicações de Stashenko et al. (2014) e Tomas et al. (2023), para cada amostra bruta, 1 μL do extrato TIC em modo split e 1 μL dos extratos alifáticos e aromáticos em modo splitless foram injetados em um cromatógrafo a gás (Fig. 8). A separação foi efectuada num Agilent modelo 7890A, com um detetor de espetrometria de massa Agilent (modelo 5975C). Foi utilizada uma coluna HP5ms de 30 m de comprimento com um diâmetro interno de 0,32 mm e uma espessura de película de 0,25 μm. $^{-1}$A temperatura do injetor foi regulada para 290 °C e utilizou-se hélio como gás de arrastamento com um caudal de 1,2 mL.min . $^{-1-1}$O programa de temperatura utilizado foi o seguinte: temperatura inicial de 55 °C durante 2 min, seguida de uma rampa de 6 °C.min até atingir 270 °C, passando diretamente para outra rampa de 3 °C.min até atingir 300 °C, que foi mantida durante 17 min. O tempo total de execução foi de 65 minutos. O detetor de massa foi utilizado com uma fonte de iões e uma temperatura da linha de transferência de 230 °C e 180 °C, respetivamente, e uma energia de impacto de 70 eV.

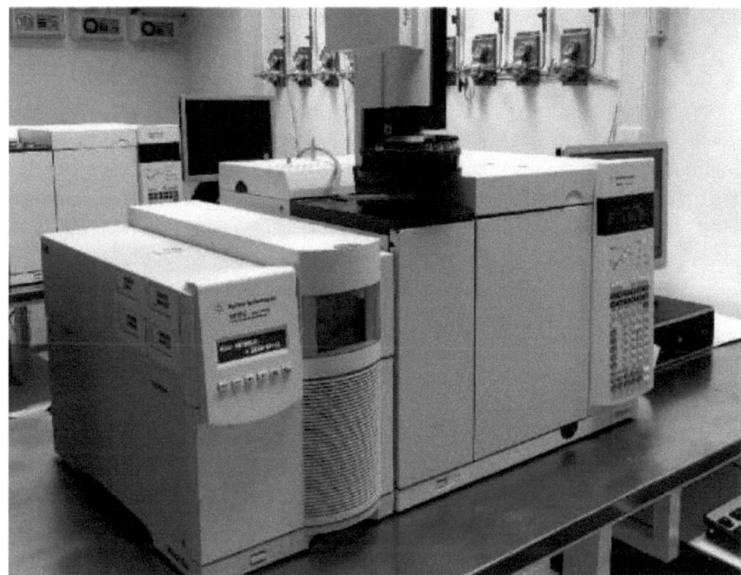
**Figura 8:** GC/MS do FRSC - UTN.

Foi efectuada uma varredura de massa entre 30 e 400 amu para obter o cromatograma de iões totais (TIC), a fim de determinar os isoprenóides acíclicos pristano e fitano e a distribuição dos n-alcanos do extrato TIC. Foram utilizados os modos Full Scan (varrimento de todos os iões) e SIM Scan (monitorização de iões seleccionados) para analisar os iões m/z = 128 (naftaleno), 142 (metilnaftalenos), 156 (dimetilnaftalenos), 170 (trimetilnaftalenos), 178 (fenantreno), 170 (trimetilnaftalenos), 178 (fenantreno), 170 (trimetilnaftalenos) e 178 (fenantreno), 178 (fenantreno), 184 (dibenzotiofeno e tetrametilnaftalenos), 192 (metilfenantrenos) e 198 (metildibenzotiofenos) na fração aromática, e os iões m/z = 191 (terpanos) e 217 (esteranos) na fração alifática, respetivamente. Desta forma, os fragmentogramas de interesse correspondentes a cada amostra foram obtidos utilizando o software "MSD ChemStation Data Analysis Application". A partir dos tempos de retenção, da literatura de referência e da integração manual dos picos, foram identificados os n-alcanos, os PAH e os biomarcadores descritos nas secções 1.1.2 e 1.1.3.

**2.1.1.3** Normalização dos dados.

As espécies químicas de interesse foram integradas nos TICs e fragmentogramas correspondentes considerando a área sob a curva dos picos que as identificam. Os valores obtidos foram somados para gerar um total que equivale a 100 % dos compostos de interesse. Em seguida, cada valor foi dividido pelo total para obter a abundância relativa (AR) dos n-alcanos, pristanos e fitanos no TIC e dos terpanos, esteranos e PAHs nos seus fragmentogramas correspondentes (Equação 1). Os cálculos foram efectuados numa folha de cálculo do Microsoft Office Excel, concebida para facilitar a manipulação dos dados. Por conseguinte, esta folha de cálculo foi validada e a sua utilização foi respeitada.

$$(1) \quad AR = \left( \frac{\text{área bajo la curva del compuesto químico de interés}}{\text{sumatoria de las áreas de los compuestos químicos de interés}} \right) . 100$$

área sob a curva do composto químico de interesse

soma das áreas dos compostos químicos de interesse

**2.1.1.4** Variabilidade da amostragem do mesmo poço ao longo do tempo.

Uma vez determinados os AR das espécies químicas de interesse para os n-alcanos, os terpanos, os esteranos e os PAH para os 15 petróleos brutos estudados nas quatro amostragens, foram calculados os RD, como se mostra na Tabela 7. Para verificar a reprodutibilidade dos resultados obtidos, calculou-se o desvio-padrão relativo (RSD) dos AR e dos RD (Equação 2). Se o RSD se mantiver inferior a 14 % em todos os casos, conforme estabelecido na norma europeia CEN/TR 15522-2, pode estabelecer-se que não existe variabilidade entre as amostras do mesmo poço petrolífero e que se pode calcular a média dos seus valores para trabalhar com maior robustez. De referir que esta percentagem é justificada devido ao facto de se trabalhar com amostras que estão em contacto com vários compartimentos ambientais, como sedimentos, águas subterrâneas, água de formação, tanques de armazenamento, entre outros (Kienhuis et al. 2019).

$$(2) \quad RSD = \left( \frac{\text{desviación estándar de la AR o RD}}{\text{promedio de la AR o RD}} \right) \cdot 100$$

desvio-padrão do AR ou RD<br>RA ou RD médio

**2.1.1.5** Estatísticas multivariadas.

Para determinar o grau de agrupamento das amostras brutas do mesmo poço ao longo do tempo, foi utilizada a estatística multivariada. Utilizando o software Past 3, foi efectuada uma análise de clusters de componentes principais (PCA) sobre os resultados obtidos. Para montar a matriz de dados, foram considerados 16 índices de diagnóstico, alguns dos quais são apresentados na Tabela 7. Estes parâmetros foram seleccionados a partir de biomarcadores comuns nas amostras que fizeram parte desta tese.

## 2.2 Caracterização geoquímica.

A partir dos dados obtidos e considerando determinados DRs e/ou RAs, foram gerados uma série de gráficos que são detalhados a seguir:

- P/n-Ci7 vs P/F (Peters et al. 2005).
- P/n-C17 vs F/n-C18 (Shanmugam 1985).
- Percentagens relativas de 4-MeDBT / 2 + 3-MeDBT / 1-MeDBT em função de cada amostra (Killops e Killops 2005).
- DBT/Ph vs P/F (Hughes et al. 1995).
- Diagrama ternário de esteranos (Moldowan et al. 1985).

Estes gráficos são uma ferramenta valiosa para a caraterização geoquímica dos petróleos brutos, ou seja, permitem determinar o tipo de querogénio no petróleo bruto e o nível de paleobidegradação, caso exista (López e Lo Mónaco 2017; Chen et al. 2018). Além disso, dão uma ideia da natureza da rocha de origem na qual os hidrocarbonetos se originaram e como era a concentração de oxigénio quando a matéria orgânica precursora se instalou (López et al. 2019).

## 2.3 Estabilidade ambiental.

[3]Para a análise da estabilidade ambiental em condições laboratoriais, foi selecionada a amostra extraída do poço de petróleo AS, que tinha um grau API de 32° a 15 °C (crude leve) e uma salinidade de 52 g/m . Esta decisão foi tomada pelo facto de ser uma das amostras com maior quantidade de terpanos e esteranos, apresentando também valores elevados de AR. Por

outro lado, foi colhida uma amostra de solo patagónico de aproximadamente 5 kg nas proximidades da cidade de Rio Gallegos, Santa Cruz, Argentina, a uma profundidade entre 0 e 15 cm (horizonte A) em relação à superfície, depois de removida a folhagem presente. A amostra foi peneirada com uma malha de 2 mm de poro e armazenada refrigerada até o momento do estudo. O solo caracterizou-se por uma textura franco-arenosa, e pelas seguintes propriedades físico-químicas: pH 7,6; cloreto 37,4 ppm; sulfato 48,7 ppm; bicarbonato 45,7 ppm; carbonato < 1 ppm; cálcio 40,8 ppm; magnésio 12,2 ppm; nitrito 0,52 ppm; nitrato 18,1 ppm; amónio 0,05 ppm; fosfato < 1 ppm; condutividade 84,5 $\mu S.^{-1-3-3-15-13-1}$cm ; humidade 1,07 %; matéria orgânica 0,98 %; matéria inorgânica 99,02 %; densidade aparente 1,31 g.cm ; densidade real 2,46 g.cm ; porosidade 46 %; hidrocarbonetos totais < 1 mg.kg ; bactérias aeróbias totais (TAB) 5,30 x 10 UFC.g ; bactérias degradadoras de hidrocarbonetos (HDB) 8,90 x 10 UFC.g .

### 2.3.1 Ensaio de meteorização artificial de petróleo bruto na água do mar e no solo.

O estudo da intemperização do petróleo bruto na água do mar foi realizado em 30 reatores em escala laboratorial (frascos de vidro transparente com capacidade de 300 mL) monitorados por um período de um ano, distribuídos uniformemente em dez etapas e com agitação manual uma vez por semana por um período de 1 min (Figura 9). Em cada um deles, foram adicionados 100 mL de água do mar de Punta Loyola (51°36'25" S, 69°01'08" W) e 1 mL de óleo cru. Por outro lado, seguiu-se um procedimento semelhante para os sistemas litosféricos, mas com uma grande diferença. Em cada reator, foram adicionados 10 g de solo sem folhada do horizonte entre a superfície e os primeiros 15 cm de profundidade. Em seguida, um mililitro de petróleo bruto foi cuidadosamente distribuído em cada reator com uma pipeta Pasteur e uma espátula para assegurar uma distribuição homogénea no solo. Em ambos os casos, os reactores foram deixados abertos, ou seja, sem tampa, à temperatura ambiente média do laboratório de 20 °C, para que fenómenos como a foto-oxidação, a evaporação e a biodegradação modificassem a composição química do hidrocarboneto. O tempo zero (T0) foi considerado para as amostras de petróleo bruto incorporadas nos três reactores iniciais e recuperadas imediatamente para análise, ou seja, zero dias após o início da experiência. As restantes etapas, também constituídas por três reactores, são detalhadas a seguir: 7, 14, 21, 28, 28, 60, 120, 180, 270 e 365 dias constituem os tempos de análise T1, T2, T3, T4, T5, T6, T7, T8 e T9, respetivamente.

**Figura 9:** Sistemas de água bruta e de água do mar em frascos de vidro.

Uma vez completados os intervalos de tempo de cada etapa, o crude incorporado nos reactores foi recuperado com água do mar, adicionando 10 mL de n-pentano a cada reator, numa única fase de extração. Posteriormente, a fase orgânica foi obtida com um frasco decantador de 200 mL, recuperada e transferida para um frasco. O volume contido nos frascos foi dividido em dois, uma fração foi armazenada refrigerada e a outra foi submetida ao mesmo tratamento descrito nas secções 2.2.1.1 e 2.2.1.2. No que diz respeito às amostras brutas no solo, uma vez terminado o tempo de permanência nestas condições, os hidrocarbonetos foram extraídos do sistema sólido por extração por solvente acelerada (ASE) com o equipamento Dionex ASE 150 "Thermo Scientific" (Figura 10). As condições de extração foram as seguintes: temperatura da célula de 175 °C, pressão de 1500 psi, tempo de extração de 5 minutos e um ciclo (EPA 3545A). O extrato obtido foi concentrado sob corrente de azoto até um volume de 10 mL, tendo uma alíquota de um mililitro sido recolhida num frasco e designada extrato TIC (Stashenko et al. 2014). O volume restante foi novamente concentrado sob corrente de azoto até 0,5 mL, transferido para um frasco de cromatografia e seguiu a mesma metodologia descrita em 2.2.1.1 e 2.2.1.2. Os iões mencionados em 2.2.2.2.1 foram também adicionados à análise GC/MS.

**Figura 10.** Equipamento Dionex ASE 150.

Para eliminar o efeito da variabilidade analítica, todas as amostras de crude artificialmente envelhecido foram analisadas em triplicado, tanto na água do mar como no solo, em cada um dos 10 períodos de tempo definidos para a experiência. Com base na literatura publicada por Fernández-Varela et al. (2010), foram calculados 12 RDs (Tabela 10) derivados de hopanos e esteranos comumente usados para a identificação de fontes de contaminação por hidrocarbonetos para avaliar a sua recalcitrância aos processos de intemperismo. Por outro lado, com base nos trabalhos de Wang et al. (2000) e Lemkau et al. (2010), foram considerados outros índices de diagnóstico gerados a partir de n-alcanos, pristano, fitano e PAHs (Tabela 10). De referir que o RSD foi utilizado como indicador para avaliar a variabilidade dos DRs ao longo da experiência (Zhang et al. 2015).

**Quadro 10:** Relações de diagnóstico utilizadas na análise da estabilidade ambiental.

| Hopanos e esteranos | Alcanos, isoprenóides e PAHs | Informações adicionais |
|---|---|---|
| Ts/H30 | P/n-Ci7 | Biodegradação |
| G30/H30 | F/n-Ci8 | Biodegradação |
| M30/H30 | P/F | Biodegradação |
| Ts/ Tm | $(n\text{-}C13 + n\text{-}C14) / (n\text{-}C25 + n\text{-}C26)$ | Evaporação |
| M30/H29 | $N0 + Ni / N2$ | Evaporação e dissolução |
| H31(R)/H31(S) | 2-MP /1-MP | Fotooxidação |
| D27 βα(R)/H30 | 4-MeDBT / I-MeDBT | Biodegradação |
| D27βα(S)/D27βα(R) | 2 + 3-MeDBT/1-MeDBT | Biodegradação |
| S28αββ(R+S)/H30 | | |

| |
|---|
| **D27βα(R)/S29αααα(S)** |
| **S29αααα(S)/H30** |
| **S29αααα(S)/S29ααββ(R+S)** |

303029313131Ts/H30 = trisnorneohopano/hopano C30, G30/H30 = gammacerano/hopano C30, M30/H30 = moretano/hopano C30, Ts/Tm = trisnorneohopano/trisnorhopano, M /H = moretano/hopano C , H (R)/H (S) = homohopano C (R)/(S), 2730273027273030272929303030D βα(R)/H = diasterano C /hopano C , D ßa(S)/D βα(R) = diasteranos ßa(S)/(R), S28aßß(R+S)/H = ergostanos/hopano C , D ßa(R)/S aaa(S) = diasterano/estigmastano, S aaa(S)/H = estigmastano/hopano C , 29291718S aaa(S)/S aßßß(R+S) = estigmastanos aaa(S)/aßßß(R+S), P/n-C = pristano/heptadecano, FZa-C = fitano/octadecano, 13142526P/F = pristano/fitano, (n-C +n-C )/(n-C +n-C ) = tridecano + tetradecano/pentadecano + hexadecano, N0 + N1 / N2 = naftaleno + metilnaftaleno/dimetilnaftaleno, 2-MP /1-MP = 2/1-metilfenantrenos, 4-MeDBT / 1-MeDBT = 4/1-metildibenzotiofenos, 2 + 3-MeDBT/1-MeDBT = 2 + 3/1-metildibenzotiofenos.

Para demonstrar a estabilidade ambiental dos biomarcadores face à meteorização em condições laboratoriais, os valores dos DR em função do tempo foram analisados através dos RSD. O RSD de cada DR apresentado na Tabela 10 foi calculado de acordo com a equação 3, onde SD é o desvio padrão dos DRs entre os tempos de T0 a T9 e Prom é a média dos DRs entre os tempos de T0 a T9. Para que os DRs sejam considerados estáveis ao longo do tempo definido, seus RSDs devem ser inferiores a 5 % (Zhang et al. 2015).

$$(3) \quad RSD = \left( \frac{SD\ (T0:T9)}{Prom\ (T0:T9)} \right) \cdot 100$$

Os cromatogramas e fragmentogramas obtidos ao longo do tempo estabelecido neste tipo de estudo permitem observar rapidamente se ocorrem ou não modificações nas amostras de crude que possam estar associadas aos processos de meteorização que ocorrem no solo e/ou na água do mar. Além disso, foi feito um histograma para cada tempo definido nesta pesquisa com as respectivas séries de PAHs e seus derivados alquilados (naftalenos, fenantrenos, dibenzotiofenos). O objetivo é observar modificações nas suas abundâncias relativas em resultado das condições de meteorização a que as amostras de crude foram sujeitas, tanto na água do mar como no solo, à escala laboratorial.

# 3 RESULTADOS

Os resultados obtidos no âmbito desta investigação são apresentados de seguida. Na primeira parte, é desenvolvida a caraterização química por biomarcadores dos 15 petróleos brutos amostrados de três em três meses durante um ano em seis campos estrategicamente distribuídos na Bacia Austral. A segunda parte apresenta o estudo de estabilidade ambiental na água do mar e no solo à escala laboratorial para a amostra AS durante 12 meses distribuídos em 10 fases de análise.

## 2.4 Estabilidade da amostra ao longo do tempo.

Os RA dos compostos químicos de interesse não excederam em nenhum caso 14 % do seu RSD nas quatro amostragens efectuadas durante um ano. Por razões práticas, apenas os resultados obtidos para o petróleo bruto AS são apresentados no quadro 11. Trata-se de uma matriz complexa que se caracteriza pelo facto de conter os AR das quatro amostras definidas como AS1, AS2, AS3 e AS4, bem como as médias, os DP e os RSD calculados. É interessante notar que os RSDs para os n-alcanos e os HAPs variaram entre 1 e 13 %, para os terpanos foram aproximadamente entre 3 e 13 % e, finalmente, os esteranos apresentaram a faixa mais estreita com valores entre 4 e 12 %. Por outras palavras, os resultados foram inferiores a 14%, conforme exigido pela norma europeia CEN/TR 15522-2 (2012; Lundberg 2019) e o SA bruto não se alterou num ano. Os restantes 14 quadros são apresentados no Anexo 1. Podem resumir-se dizendo que os RSD associados aos RA de cada composto de interesse não excederam 14% para os restantes óleos brutos analisados nas quatro amostragens efectuadas.

**Tabela 11.** Desvio-padrão relativo obtido a partir das abundâncias relativas do petróleo bruto AS.

| RAs | AS1 | AS2 | AS3 | AS4 | Médias | SDs | DER |
|---|---|---|---|---|---|---|---|
| **n-C9 = nonano** | 0,033 | 0,039 | 0,038 | 0,039 | 0,037 | 0,003 | 8,0 |
| **n-C10 = dean** | 0,050 | 0,052 | 0,054 | 0,052 | 0,052 | 0,002 | 3,2 |
| **n-C11 = undecano** | 0,074 | 0,067 | 0,069 | 0,067 | 0,069 | 0,003 | 4,7 |
| **n-C12 = dodecano** | 0,070 | 0,066 | 0,060 | 0,065 | 0,065 | 0,004 | 6,6 |
| **n-C13 = tridecano** | 0,066 | 0,064 | 0,064 | 0,064 | 0,064 | 0,001 | 1,6 |
| **n-C14 = tetradecano** | 0,061 | 0,061 | 0,058 | 0,058 | 0,059 | 0,001 | 2,2 |
| **n-C15 = pentadecano** | 0,056 | 0,054 | 0,053 | 0,062 | 0,056 | 0,004 | 6,9 |
| **n-C16 = hexadecano** | 0,047 | 0,045 | 0,046 | 0,045 | 0,045 | 0,001 | 1,8 |
| **n-C17 = heptadecano** | 0,040 | 0,043 | 0,041 | 0,041 | 0,042 | 0,001 | 2,8 |
| **P = pristano** | 0,019 | 0,017 | 0,018 | 0,017 | 0,018 | 0,001 | 5,6 |
| **n-C18 = octadecano** | 0,040 | 0,037 | 0,040 | 0,037 | 0,038 | 0,001 | 3,8 |
| **F = fitano** | 0,009 | 0,008 | 0,009 | 0,009 | 0,009 | 0,001 | 6,1 |
| **n-C19 = nonano** | 0,040 | 0,041 | 0,041 | 0,040 | 0,040 | 0,001 | 1,9 |
| **n-C20 = eicosano** | 0,043 | 0,043 | 0,042 | 0,041 | 0,042 | 0,001 | 2,0 |
| **n-C21 = eneicosano** | 0,049 | 0,050 | 0,047 | 0,046 | 0,048 | 0,002 | 3,3 |
| **n-C22 = docosano** | 0,041 | 0,045 | 0,045 | 0,043 | 0,043 | 0,002 | 4,3 |
| **n-C23 = tricosano** | 0,052 | 0,052 | 0,052 | 0,050 | 0,051 | 0,001 | 2,5 |
| **n-C24 = tetracosano** | 0,040 | 0,040 | 0,041 | 0,040 | 0,040 | 0,000 | 0,9 |
| **n-C25 = pentacosano** | 0,041 | 0,044 | 0,043 | 0,042 | 0,042 | 0,001 | 2,4 |
| **n-C26 = hexacosano** | 0,033 | 0,036 | 0,036 | 0,035 | 0,035 | 0,001 | 3,4 |
| **n-C27 = heptacosano** | 0,031 | 0,032 | 0,035 | 0,036 | 0,034 | 0,002 | 7,1 |
| **n-C28 = octacosano** | 0,025 | 0,026 | 0,024 | 0,028 | 0,026 | 0,002 | 6,3 |
| **n-C29 = nonacosano** | 0,022 | 0,023 | 0,023 | 0,024 | 0,023 | 0,001 | 4,5 |
| **n-C30 = triacontano** | 0,018 | 0,016 | 0,020 | 0,019 | 0,018 | 0,002 | 9,2 |
| **T19 = terpano** | 0,019 | 0,021 | 0,017 | 0,017 | 0,018 | 0,002 | 9,7 |
| **T20 = terpano** | 0,021 | 0,022 | 0,021 | 0,019 | 0,021 | 0,001 | 5,4 |
| **T21 = terpano** | 0,021 | 0,024 | 0,024 | 0,020 | 0,022 | 0,002 | 9,1 |

| | | | | | | | |
|---|---|---|---|---|---|---|---|
| $T_{23}$ = terpano | 0,022 | 0,024 | 0,0242 | 0,020 | 0,023 | 0,002 | 8,0 |
| $T_{24}$ = terpano | 0,0153 | 0,017 | 0,018 | 0,017 | 0,017 | 0,001 | 5,9 |
| $T_{25}$ = terpano | 0,004 | 0,004 | 0,005 | 0,004 | 0,004 | 0,000 | 6,6 |
| $T_{26}$ (R) = terpano | 0,039 | 0,042 | 0,042 | 0,039 | 0,040 | 0,001 | 3,1 |
| $T_{26}$ (S) = terpano | 0,003 | 0,004 | 0,004 | 0,003 | 0,003 | 0,000 | 11,3 |
| Ts = trisnorneohopano | 0,046 | 0,044 | 0,038 | 0,049 | 0,044 | 0,005 | 11,1 |
| Tm = trisnoropano | 0,078 | 0,078 | 0,075 | 0,062 | 0,073 | 0,008 | 10,5 |
| $H_{29}$ = hopano | 0,260 | 0,254 | 0,238 | 0,249 | 0,250 | 0,009 | 3,6 |
| $H_{30}$ = hopano | 0,298 | 0,296 | 0,311 | 0,309 | 0,303 | 0,008 | 2,6 |
| $M_{30}$ = Moretan | 0,035 | 0,032 | 0,037 | 0,035 | 0,035 | 0,002 | 5,7 |
| $H_{31}$ (S) = homohopano | 0,053 | 0,053 | 0,054 | 0,062 | 0,056 | 0,004 | 7,2 |
| $H_{31}$ (R) = homo-hopano | 0,028 | 0,029 | 0,029 | 0,032 | 0,030 | 0,002 | 6,1 |
| $G_{30}$ = gammaceran | 0,008 | 0,008 | 0,009 | 0,010 | 0,009 | 0,001 | 12,1 |
| $H_{32}$ (S) = homohopano | 0,020 | 0,022 | 0,025 | 0,021 | 0,022 | 0,002 | 9,7 |
| $H_{32}$ (R) = homo-hopano | 0,015 | 0,016 | 0,018 | 0,020 | 0,017 | 0,002 | 11,8 |
| $H_{33}$ (S) = homohopano | 0,009 | 0,008 | 0,008 | 0,007 | 0,008 | 0,001 | 7,9 |
| $H_{33}$ (R) = homohopano | 0,004 | 0,003 | 0,004 | 0,003 | 0,003 | 0,000 | 9,4 |
| $S_{20}$ = pregnano | 0,047 | 0,052 | 0,054 | 0,043 | 0,049 | 0,005 | 9,8 |
| $S_{21}$ = homopregnano | 0,049 | 0,053 | 0,049 | 0,050 | 0,050 | 0,002 | 4,1 |
| $S_{22}$ = homopregnano | 0,039 | 0,041 | 0,037 | 0,043 | 0,040 | 0,003 | 6,6 |
| $D_{27}$ (βs) = diasterano | 0,099 | 0,104 | 0,092 | 0,091 | 0,097 | 0,006 | 6,3 |
| $D_{27}$ (βr) = diasterano | 0,043 | 0,045 | 0,040 | 0,041 | 0,042 | 0,002 | 4,4 |
| $D_{27}$ (as) = diasterano | 0,012 | 0,011 | 0,013 | 0,013 | 0,012 | 0,001 | 8,6 |
| $D_{27}$ (αr) = diasterano | 0,012 | 0,011 | 0,014 | 0,013 | 0,012 | 0,001 | 10,1 |
| $S_{27}$ (as) = colestano | 0,041 | 0,039 | 0,046 | 0,047 | 0,043 | 0,004 | 9,9 |
| $S_{27}$ (βr) = colestano | 0,084 | 0,070 | 0,082 | 0,095 | 0,083 | 0,010 | 12,4 |
| $S_{27}$ (βs) = colestano | 0,040 | 0,040 | 0,050 | 0,048 | 0,044 | 0,005 | 11,4 |
| $S_{27}$ (αr) = colestano | 0,046 | 0,056 | 0,062 | 0,057 | 0,055 | 0,007 | 12,6 |
| $S_{28}$ (as) = ergostano | 0,001 | 0,001 | 0,001 | 0,001 | 0,001 | 0,000 | 11,7 |
| $S_{28}$ (βr) = ergostano | 0,019 | 0,017 | 0,021 | 0,020 | 0,019 | 0,002 | 9,1 |
| $S_{28}$ (βs) = ergostano | 0,021 | 0,019 | 0,024 | 0,021 | 0,021 | 0,002 | 9,2 |
| $S_{28}$ (αr) = ergostano | 0,050 | 0,038 | 0,047 | 0,042 | 0,044 | 0,005 | 12,0 |
| $S_{29}$ (as) = estigmastano | 0,173 | 0,175 | 0,155 | 0,144 | 0,162 | 0,015 | 9,1 |
| $S_{29}$ (βr) = estigmastano | 0,060 | 0,059 | 0,048 | 0,054 | 0,055 | 0,005 | 9,7 |
| $S_{29}$ (βs) = estigmastano | 0,015 | 0,018 | 0,017 | 0,018 | 0,017 | 0,001 | 7,5 |
| $S_{29}$ (αr) = estigmastano | 0,150 | 0,153 | 0,150 | 0,158 | 0,153 | 0,004 | 2,4 |
| N = naftaleno | 0,014 | 0,012 | 0,015 | 0,013 | 0,013 | 0,001 | 8,0 |
| 2 - MN = metilnaftaleno | 0,057 | 0,059 | 0,066 | 0,052 | 0,059 | 0,006 | 10,2 |
| 1 - MN = metilnaftaleno | 0,039 | 0,039 | 0,048 | 0,042 | 0,042 | 0,004 | 10,1 |
| 2 - PT = etilnaftaleno | 0,010 | 0,008 | 0,009 | 0,010 | 0,009 | 0,001 | 9,2 |
| 1 - PT = etilnaftaleno | 0,008 | 0,007 | 0,009 | 0,007 | 0,008 | 0,001 | 10,9 |
| 2,6+2,7-DMN = dimetilnaftaleno | 0,062 | 0,061 | 0,072 | 0,059 | 0,063 | 0,006 | 9,5 |
| 1,3+1,7-DMN = dimetilnaftaleno | 0,067 | 0,066 | 0,068 | 0,076 | 0,069 | 0,005 | 6,8 |
| 1,6 - DMN = dimetilnaftaleno | 0,039 | 0,038 | 0,045 | 0,041 | 0,041 | 0,003 | 7,2 |
| 1,4+2,3-DMN = dimetilnaftaleno | 0,035 | 0,041 | 0,042 | 0,040 | 0,040 | 0,003 | 7,5 |
| 1,5 - DMN = dimetilnaftaleno | 0,011 | 0,011 | 0,013 | 0,012 | 0,012 | 0,001 | 8,8 |
| 1,2 - DMN = dimetilnaftaleno | 0,022 | 0,024 | 0,029 | 0,027 | 0,026 | 0,003 | 11,3 |
| 1,3,7 - TMN = trimetilnaftaleno | 0,049 | 0,049 | 0,059 | 0,053 | 0,053 | 0,005 | 9,2 |
| 1,3,6 - TMN = trimetilnaftaleno | 0,045 | 0,046 | 0,055 | 0,052 | 0,050 | 0,005 | 9,8 |
| 1,3,5 - TMN = trimetilnaftaleno | 0,031 | 0,030 | 0,039 | 0,036 | 0,034 | 0,004 | 12,1 |
| 2,3,6 - TMN = trimetilnaftaleno | 0,023 | 0,019 | 0,024 | 0,021 | 0,022 | 0,002 | 10,4 |
| 1,2,7 - TMN = trimetilnaftaleno | 0,026 | 0,029 | 0,025 | 0,028 | 0,027 | 0,002 | 6,8 |
| 1,2,6 - TMN = trimetilnaftaleno | 0,005 | 0,005 | 0,005 | 0,005 | 0,005 | 0,000 | 9,4 |
| 1,2,4 - TMN = trimetilnaftaleno | 0,009 | 0,010 | 0,010 | 0,010 | 0,010 | 0,001 | 6,1 |
| 1,2,5 - TMN = trimetilnaftaleno | 0,079 | 0,073 | 0,067 | 0,066 | 0,071 | 0,006 | 8,7 |

| | 0,102 | 0,094 | 0,076 | 0,086 | 0,089 | 0,011 | 12,0 |
|---|---|---|---|---|---|---|---|
| Ph = fenantreno | 0,102 | 0,094 | 0,076 | 0,086 | 0,089 | 0,011 | 12,0 |
| 3 - MP = metilfenantreno | 0,049 | 0,058 | 0,045 | 0,055 | 0,051 | 0,006 | 11,6 |
| 2 - MP = metilfenantreno | 0,065 | 0,070 | 0,054 | 0,066 | 0,064 | 0,007 | 11,2 |
| 9 - MP = metilfenantreno | 0,060 | 0,067 | 0,052 | 0,062 | 0,060 | 0,006 | 10,4 |
| 1 - MP = metilfenantreno | 0,049 | 0,046 | 0,039 | 0,043 | 0,044 | 0,004 | 9,7 |
| DBT = dibenzotiofeno | 0,009 | 0,008 | 0,008 | 0,008 | 0,008 | 0,001 | 8,8 |
| 4 - MDBT = Metildibenzotiofeno | 0,022 | 0,019 | 0,017 | 0,018 | 0,019 | 0,002 | 9,9 |
| 2+3-MDBT = Metildibenzotiofeno | 0,009 | 0,009 | 0,007 | 0,008 | 0,008 | 0,001 | 9,5 |
| 1 - MDBT = metildibenzotiofeno | 0,003 | 0,003 | 0,003 | 0,003 | 0,003 | 0,000 | 8,3 |

DPs = desvios-padrão.

Os DP do petróleo bruto AS foram calculados a partir dos RA do quadro 11 e as percentagens de RSD associadas a estes permaneceram inferiores a 14 % (quadro 12). Estes resultados podem ser extrapolados para os outros crudes estudados (anexo 1). Juntamente com o que é apresentado no quadro 11, estes resultados apoiam a afirmação de que estes hidrocarbonetos se mantiveram inalterados. Ou seja, sem alterações apreciáveis na sua composição química ao longo de um ano, conforme estabelecido na norma europeia CEN/TR 15522-2 definida pelo Comité Europeu de Normalização em 2012.

**Tabela 12.** Razões de diagnóstico obtidas a partir do petróleo bruto AS.

| RDs | AS1 | AS2 | AS3 | AS4 | Baile de finalistas | SDs | DER |
|---|---|---|---|---|---|---|---|
| P/F | 2,038 | 2,113 | 1,854 | 1,876 | 1,970 | 0,126 | 6,4 |
| $P/n\text{-}C17$ | 0,478 | 0,406 | 0,423 | 0,411 | 0,429 | 0,033 | 7,7 |
| $F/n\text{-}C18$ | 0,239 | 0,223 | 0,239 | 0,245 | 0,236 | 0,010 | 4,1 |
| $n\text{-}C29/n\text{-}C17$ | 0,545 | 0,527 | 0,566 | 0,591 | 0,557 | 0,028 | 5,0 |
| $H29/H30$ | 0,873 | 0,858 | 0,766 | 0,804 | 0,825 | 0,050 | 6,0 |
| $10 . G30/G30 . H30$ | 0,117 | 0,108 | 0,118 | 0,113 | 0,114 | 0,004 | 3,8 |
| $M30/H30$ | 0,264 | 0,266 | 0,271 | 0,323 | 0,281 | 0,028 | 10,0 |
| $\% S27$ | 30,027 | 29,823 | 34,197 | 35,073 | 32,280 | 2,744 | 8,5 |
| $\% S28$ | 13,040 | 11,002 | 13,181 | 12,025 | 12,312 | 1,014 | 8,2 |
| $\% S29$ | 56,934 | 59,175 | 52,622 | 52,902 | 55,408 | 3,192 | 5,8 |
| $D27/S27$ | 0,792 | 0,835 | 0,663 | 0,640 | 0,733 | 0,096 | 13,1 |
| IMP | 0,811 | 0,929 | 0,880 | 0,946 | 0,895 | 0,061 | 6,8 |
| Rc | 0,886 | 0,951 | 0,924 | 0,960 | 0,930 | 0,033 | 3,6 |
| % 4-MeDBT | 64,070 | 62,236 | 63,358 | 62,455 | 63,030 | 0,847 | 1,3 |
| % 2+3-MeDBT | 26,610 | 28,275 | 26,247 | 28,664 | 27,449 | 1,198 | 4,4 |
| % 1-MeDBT | 9,320 | 9,489 | 10,395 | 8,881 | 9,521 | 0,636 | 6,7 |
| DBT/Ph | 0,093 | 0,088 | 0,104 | 0,091 | 0,094 | 0,007 | 7,4 |

Médias = médias, DPs = desvios-padrão, RSDs = desvios-padrão relativos.

$P/F$ = pristano/fitano, P/n-C = pristano/heptadecano, FZa-C = fitano/octadecano, n-C /n-C = nonacosano/heptadecano, $H29/H30$ = hopano C/hopano C , * 10 x $G30/G30$ x C = 10 . gammacerano / gammacerano . hopano C , $M30/H30$ = moretano/hopano C , % S = percentagem de colestanos, % S = percentagem de ergostanos, % S = percentagem de estigmastanos, $D27/S27$ = diasterano C / colestano, IMP = índice de metilfenantreno, Rc = reflectância calculada da vitrinite, * % 4-MeDBT = % 4-metildibenzotiofeno, * % 2 + 3-MeDBT = % 2 + 3-metildibenzotiofeno, * % I-MeDBT = % 1-metildibenzotiofeno, DBT/Ph = dibenzotiofeno/fenantreno.

Por outro lado, os RDs também podem ser utilizados para diferenciar um petróleo bruto de outro, quer pertençam ao mesmo reservatório ou bacia. Partindo desta premissa, os resultados obtidos para os RDs de cada crude constituíram um conjunto de valores únicos que são apresentados nas Tabelas 13 e 14. Este constitui o ponto de partida para diferenciar ou não as 15 amostras com as quais trabalhámos durante 12 meses através da estatística multivariada desenvolvida de seguida.

**Tabela 13.** Relações de diagnóstico das amostras de petróleo bruto A, B e C.

| RDs | AC | AS | AN | BI | BM | BS | IC | CO |
|---|---|---|---|---|---|---|---|---|

| | | | | | | | | |
|---|---|---|---|---|---|---|---|---|
| **P/F** | 2,07 ± 0,2 | 1,97 ± 0,1 | 1,66 ± 0,1 | 2,02 ± 0,1 | 1,88 ± 0,0 | 1,90 ± 0,2 | 1,80 ± 0,1 | 1,67 ± 0,1 |
| P/n-C17 | 0,35 ± 0,0 | 0,43 ± 0,0 | 2,59 ± 0,2 | 0,20 ± 0,0 | 0,20 ± 0,0 | 0,18 ± 0,0 | 0,44 ± 0,0 | 0,39 ± 0,0 |
| F/n-C18 | 0,20 ± 0,0 | 0,24 ± 0,0 | 2,59 ± 0,2 | 0,11 ± 0,0 | 0,12 ± 0,0 | 0,11 ± 0,0 | 0,28 ± 0,0 | 0,27 ± 0,0 |
| **n-C2√n-** C17 | 0,50 ± 0,1 | 0,56 ± 0,0 | 0,00 ± 0,0 | 0,15 ± 0,0 | 0,13 ± 0,0 | 0,10 ± 0,0 | 0,17 ± 0,0 | 0,19 ± 0,0 |
| H29/H30 | 0,86 ± 0,1 | 0,82 ± 0,0 | 0,81 ± 0,0 | 1,54 ± 0,1 | 1,11 ± 0,0 | 1,46 ± 0,1 | 0,93 ± 0,0 | 0,82 ± 0,1 |
| **10.**G30 / **G30.**C30 | 0,08 ± 0,0 | 0,11 ± 0,0 | 0,06 ± 0,0 | 0,22 ± 0,0 | 0,17 ± 0,0 | 0,20 ± 0,0 | 0,13 ± 0,0 | 0,15 ± 0,0 |
| M30/H30 | 0,25 ± 0,0 | 0,28 ± 0,0 | 0,31 ± 0,0 | 0,00 ± 0,0 | 0,00 ± 0,0 | 0,00 ± 0,0 | 0,00 ± 0,0 | 0,00 ± 0,0 |
| **%** S27 | 33,4 ± 2,2 | 32,3 ± 2,7 | 43,9 ± 2,6 | 32,8 ± 1,1 | 32,6 ± 1,7 | 31,8 ± 1,3 | 50,4 ± 0,4 | 44,6 ± 0,5 |
| **%** S28 | 16,7 ± 0,8 | 12,3 ± 1,0 | 19,7 ± 1,2 | 37,2 ± 0,9 | 36,8 ± 0,1 | 37,1 ± 1,2 | 29,9 ± 0,6 | 32,0 ± 0,3 |
| **%** S29 | 49,9 ± 2,7 | 55,4 ± 3,2 | 36,4 ± 1,7 | 29,9 ± 1,5 | 30,6 ± 1,8 | 31,0 ± 1,2 | 19,6 ± 1,0 | 23,4 ± 0,3 |
| D27/S27 | 0,59 ± 0,0 | 0,73 ± 0,1 | 0,80 ± 0,1 | 0,00 ± 0,0 | 0,00 ± 0,0 | 0,00 ± 0,0 | 1,33 ± 0,1 | 1,36 ± 0,1 |
| **IMP** | 0,73 ± 0,0 | 0,89 ± 0,1 | 1,12 ± 0,0 | 1,02 ± 0,1 | 0,81 ± 0,0 | 0,80 ± 0,1 | 1,35 ± 0,0 | 1,22 ± 0,0 |
| **Rc** | 0,84 ± 0,0 | 0,93 ± 0,0 | 1,05 ± 0,0 | 1,00 ± 0,0 | 0,89 ± 0,0 | 0,88 ± 0,0 | 1,18 ± 0,0 | 1,11 ± 0,0 |
| **4- MeDBT** | 56,7 ± 1,5 | 63,0 ± 0,8 | 68,7 ± 2,0 | 50,2 ± 0,1 | 51,9 ± 0,1 | 46,1 ± 1,6 | 57,9 ± 0,4 | 54,5 ± 0,4 |
| **%2+3- MeDBT** | 29,4 ± 0,9 | 27,4 ± 1,2 | 22,2 ± 2,0 | 32,9 ± 1,4 | 31,3 ± 0,6 | 29,9 ± 2,3 | 30,7 ± 0,4 | 31,9 ± 0,2 |
| **1- MeDBT** | 13,9 ± 0,7 | 9,52 ± 0,6 | 9,01 ± 0,8 | 16,8 ± 1,3 | 16,8 ± 0,7 | 24,1 ± 1,5 | 11,4 ± 0,0 | 13,5 ± 0,4 |
| **DBT/Ph** | 0,06 ± 0,0 | 0,09 ± 0,0 | 0,01 ± 0,0 | 0,06 ± 0,0 | 0,11 ± 0,0 | 0,11 ± 0,0 | 0,09 ± 0,0 | 0,06 ± 0,0 |

Idem Quadro 12.

**Tabela 14.** Relações de diagnóstico das amostras de petróleo bruto D, E e F.

| RDs | BD | DA | EB | EA | FI | FM | FS |
|---|---|---|---|---|---|---|---|
| **P/F** | 1,63 ± 0,0 | 1,74 ± 0,1 | 2,74 ± 0,2 | 2,47 ± 0,1 | 1,86 ± 0,1 | 1,76 ± 0,0 | 1,94 ± 0,0 |
| P/n-C17 | 0,69 ± 0,0 | 0,70 ± 0,0 | 0,57 ± 0,0 | 0,78 ± 0,0 | 0,66 ± 0,0 | 0,67 ± 0,0 | 0,70 ± 0,0 |
| F/n-Ci8 | 0,46 ± 0,0 | 0,45 ± 0,0 | 0,25 ± 0,0 | 0,37 ± 0,0 | 0,40 ± 0,0 | 0,41 ± 0,0 | 0,39 ± 0,0 |
| C29/C17 | 0,25 ± 0,0 | 0,24 ± 0,0 | 0,36 ± 0,0 | 0,38 ± 0,0 | 0,36 ± 0,0 | 0,38 ± 0,0 | 0,31 ± 0,0 |
| H29/H30 | 0,00 ± 0,0 | 0,00 ± 0,0 | 0,81 ± 0,0 | 0,88 ± 0,0 | 0,44 ± 0,0 | 0,38 ± 0,0 | 0,35 ± 0,0 |
| G30/C30 | 0,00 ± 0,0 | 0,00 ± 0,0 | 0,07 ± 0,0 | 0,08 ± 0,0 | 0,08 ± 0,0 | 0,09 ± 0,0 | 0,09 ± 0,0 |
| M30/H30 | 0,00 ± 0,0 | 0,00 ± 0,0 | 0,34 ± 0,0 | 0,49 ± 0,0 | 0,80 ± 0,1 | 0,67 ± 0,0 | 0,67 ± 0,0 |
| **%** S27 | 59,8 ± 1,9 | 57,1 ± 1,2 | 50,8 ± 0,6 | 50,8 ± 0,3 | 52,7 ± 1,6 | 51,2 ± 1,7 | 48,2 ± 0,7 |
| **%** S28 | 20,7 ± 1,6 | 24,8 ± 1,1 | 22,1 ± 0,5 | 22,7 ± 0,2 | 21,5 ± 0,6 | 24,1 ± 0,4 | 24,7 ± 1,0 |
| **%** S29 | 19,5 ± 0,4 | 18,1 ± 0,3 | 27,1 ± 1,1 | 26,5 ± 0,2 | 25,8 ± 1,2 | 24,6 ± 1,4 | 27,1 ± 0,3 |
| D27/S27 | 1,20 ± 0,0 | 1,34 ± 0,1 | 1,19 ± 0,0 | 1,30 ± 0,0 | 1,35 ± 0,1 | 1,50 ± 0,0 | 1,52 ± 0,0 |
| **IMP** | 1,21 ± 0,1 | 1,24 ± 0,1 | 0,69 ± 0,0 | 0,67 ± 0,0 | 0,99 ± 0,0 | 0,94 ± 0,0 | 1,00 ± 0,0 |
| **Rc** | 1,10 ± 0,0 | 1,12 ± 0,1 | 0,82 ± 0,0 | 0,81 ± 0,0 | 0,98 ± 0,0 | 0,96 ± 0,0 | 0,99 ± 0,0 |
| **4-MeDBT** | 58,9 ± 1,2 | 64,6 ± 1,9 | 57,0 ± 1,4 | 58,2 ± 0,7 | 57,6 ± 1,2 | 57,8 ± 1,9 | 57,2 ± 0,6 |
| **2-MeDBT** | 40,0 ± 1,2 | 34,4 ± 1,9 | 31,3 ± 0,8 | 28,4 ± 0,0 | 34,4 ± 1,6 | 36,1 ± 2,0 | 34,1 ± 0,1 |
| **1-MeDBT** | 1,05 ± 0,0 | 1,01 ± 0,1 | 11,7 ± 0,5 | 13,4 ± 0,6 | 7,96 ± 0,6 | 6,06 ± 0,1 | 8,73 ± 0,7 |
| **DBT/Ph** | 0,21 ± 0,0 | 0,14 ± 0,0 | 0,11 ± 0,0 | 0,20 ± 0,0 | 0,27 ± 0,0 | 0,28 ± 0,0 | 0,08 ± 0,0 |

Idem Quadro 12. * As suas fórmulas são expressas em fórmulas reduzidas para uma melhor visualização do quadro.

### 3.1.1 Análise multivariada.

Para avaliar as diferenças e semelhanças entre as amostras de crude, utilizaram-se os 16 parâmetros geoquímicos apresentados nas Tabelas 13 e 14. Por um lado, realizou-se uma análise clássica de clusters (Figura 11) na qual se observou, em primeiro lugar, que as amostras associadas a cada poço se mantiveram constantes ao longo do estudo. Em segundo lugar, é de salientar que a distribuição dos crudes está relacionada com a formação geológica a que pertencem. Por outras palavras, formaram-se dois grandes grupos, cada um contendo crudes da Fm Springhill e crudes da Fm Magallanes Inferior, bem diferenciados. É importante destacar que as amostras extraídas da jazida de Campo Índio (D) se diferenciam do resto dos crudes da Fm Springhill, provavelmente por serem as únicas obtidas num poço de 3.000 m de profundidade. Por último, é importante referir que as amostras do poço AN do campo Del Mosquito foram as que apresentaram maiores diferenças em relação ao resto dos hidrocarbonetos estudados. Estudos desta natureza têm sido amplamente utilizados para determinar as famílias de hidrocarbonetos. Rangel et al. (2017) trabalharam com análise hierárquica de clusters em amostras de petróleo bruto colombiano para gerar famílias de petróleo a partir de relações de diagnóstico. Distâncias mais curtas no dendograma obtido foram associadas a relações genéticas mais próximas. A este respeito, Li et al. (2022) consideram que a análise de clusters é um método eficaz para classificar os tipos genéticos de petróleos com várias fontes, e a chave é selecionar parâmetros de correlação eficazes entre o petróleo e a fonte, ou seja, os índices de diagnóstico adequados. No seu estudo, conseguiram criar um agrupamento com dois grandes grupos ou famílias de petróleos brutos da Bacia de Junggar, no noroeste da China. Além disso, determinaram efetivamente a origem da matéria orgânica nos petróleos brutos, o ambiente de água sedimentar a que foram expostos e o seu grau de evolução térmica.

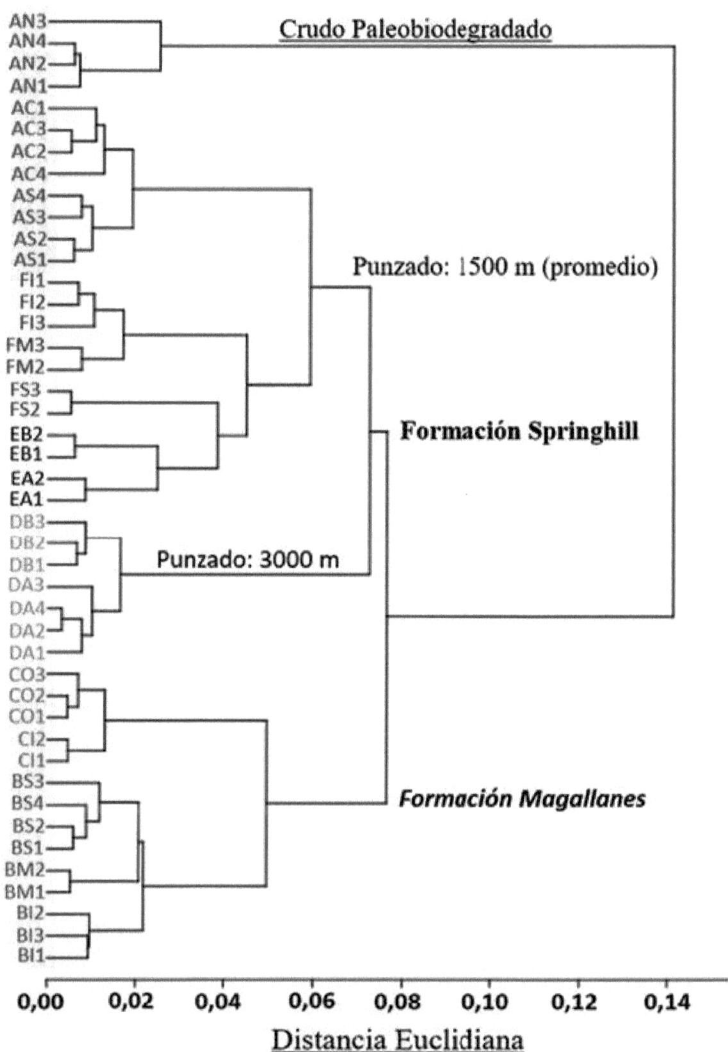



Figura 11. Dendograma das 15 amostras brutas analisadas durante um ano.

Para complementar os resultados apresentados no dendograma (Figura 11), foi realizada uma PCA tridimensional (Figura 12). Esta gerou a separação dos reservatórios ao longo dos octantes formados pela intersecção da componente principal (PC), componente secundária (SC) e componente terciária (TC). É interessante notar que foi a CS, que representa cerca de 28% da análise, que separou os petróleos brutos por formação. O CS (+) continha as amostras de Springhill e o CS (-) as amostras de Lower Magellan. A análise de clusters mostrou uma clara separação entre os crudes do reservatório de Campo Índio (D) e os restantes óleos da Fm Springhill. Além disso, a PCA apoiou estas diferenças em relação ao CT, uma vez que as amostras do Campo Índio se situaram no octante (CP+; CS+; CT-) muito afastadas do resto dos crudes pertencentes à sua formação geológica.

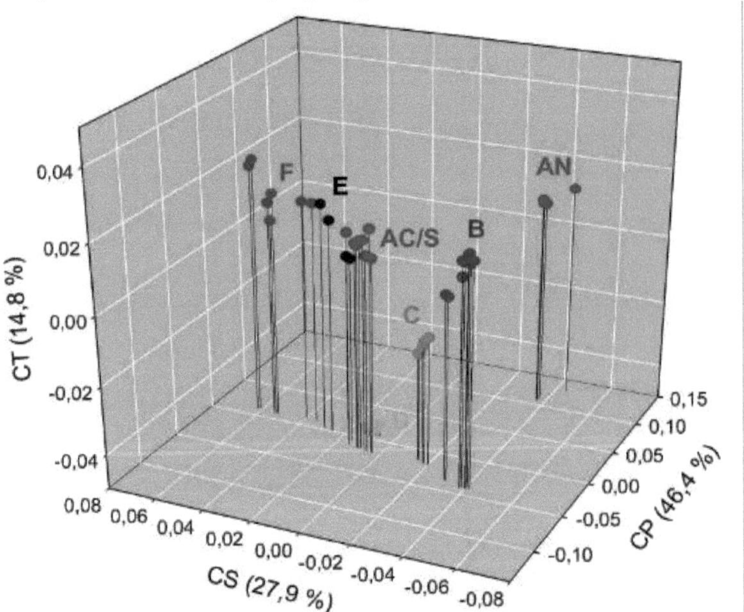


**Figura 12.** Análise de componentes principais das 15 amostras de petróleo bruto analisadas durante um ano. A. Del Mosquito (vermelho), B. Agua Fresca (azul), C. María Inés (verde), D. Campo Indio (amarelo), E. Cañadón Salto (preto), F. La Maggie (violeta).

## 2.5 . Caracterização geoquímica.

### 3.2.1 Cromatogramas.

A partir da fração TIC definida na secção 1.1.2, os n-alcanos descritos na Tabela 3 e, adicionalmente, os isoprenóides acíclicos pristano e fitano foram determinados por GC/MS para os 15 petróleos brutos da Tabela 9 através dos TICs correspondentes. Para efeitos práticos deste trabalho, apenas as TIC de seis amostras de petróleo bruto de uma das amostras são apresentadas na Figura 13. É de notar que a distribuição dos n-alcanos nas amostras de petróleo bruto AN, BS, CI, DB, EA e FI se caracterizou por um padrão diferente em cada caso. Em primeiro lugar, a AN (Del Mosquito - Springhill Fm) apresentou diferenças notáveis em relação às restantes, uma vez que se observou uma perda acentuada de alcanos lineares e uma elevação proeminente da linha de base. Por outro lado, BS (Agua Fresca - Fm Magallanes Inferior) apresentou um comportamento decrescente regular das suas n-parafinas e EA (Cañadón Salto - Fm Springhill) assemelhou-se a ele, no entanto, a partir de n-C18 a diminuição da abundância relativa não foi tão abrupta. Relativamente à amostra de crude CI (María Inés - Fm Magallanes Inferior), pode dizer-se que a diminuição da abundância de n-alcanos em função do aumento da cadeia carbónica não foi tão acentuada como nos casos anteriormente descritos. Por último, tanto DB (Campo Indio - Fm Springhill) como FI (La Maggie - Fm Springhill) apresentaram uma distribuição unimodal de alcanos lineares com um máximo entre n-C16 e n-C17, sofrendo depois uma diminuição acentuada de moléculas de maior peso molecular. É importante acrescentar que os cromatogramas dos restantes crudes que não são apresentados (AC, AS, BM, BI, CO, DA, EB, FM e FS) apresentaram um perfil de n-alcanos semelhante ao dos crudes dos campos petrolíferos a que pertencem. A única exceção foi a amostra AN, que não só diferiu de AC e AS, mas também do resto dos hidrocarbonetos analisados.

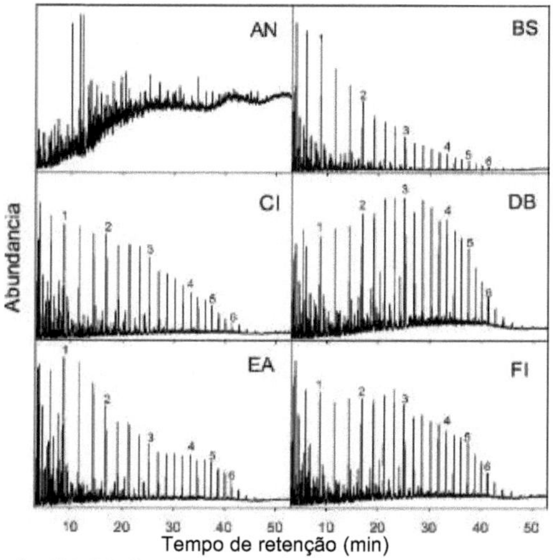

**Figura 13.** TICs dos crudes AN, BS, CI, DB, EA e FI. 1: decano (n-C10), 2: tridecano (n-C13), 3: heptadecano (n-C17), 4: docosano (n-C22), 5: pentacosano (n-C25), 6: octacosano (n-C28).

Os fragmentogramas associados à relação m/z = 191 foram obtidos a partir da fração alifática e estão representados na Figura 14, onde se observam terpanos tricíclicos à esquerda e terpenos pentacíclicos à direita (Tabela 4). A partir destes fragmentogramas, visualizou-se que o crude AN (Del Mosquito - Springhill Fm) foi o único que apresentou sinais claros e intensos destes biomarcadores com picos predominantes para os hopanos H29 e H30. As amostras EA (Cañadón Salto - Springhill Fm) e FI (La Maggie - Springhill Fm) apresentaram picos de baixa intensidade para terpanos tricíclicos e pentacíclicos. Por outro lado, nos crudes BS (Agua Fresca - Fm Magallanes Inferior) e CI (María Inés - Fm Magallanes Inferior), os hopanos H29 e H30 foram ligeiramente detectáveis. Finalmente, DB (Campo Indio - Springhill Fm) mostrou os terpanos tricíclicos T23, T24 e T26. Os fragmentogramas de iões m/z = 191 em falta (AC, AS, BM, BI, CO, DA, EB, FM e FS) revelaram uma semelhança muito forte entre os crudes do mesmo reservatório ao longo do perfil de terpanos. Neste caso, o crude AN foi relacionado com AC e AS, e estes resultados preliminares mostram a capacidade potencial dos biomarcadores para serem usados como impressões digitais químicas de hidrocarbonetos. Isto deve-se ao facto de o perfil de terpanos não apresentar praticamente alterações significativas entre estes hidrocarbonetos extraídos do campo Del Mosquito.

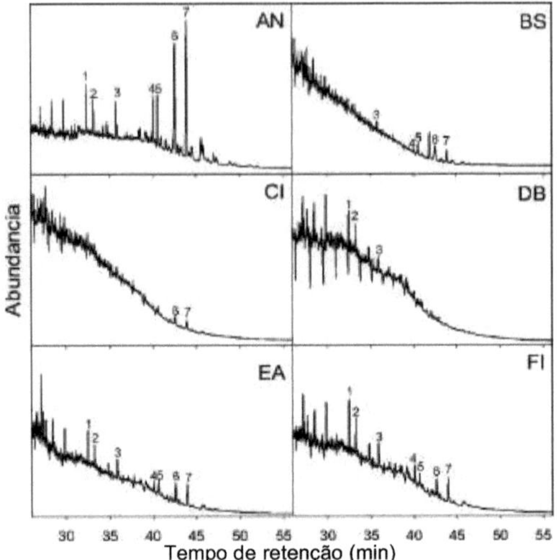

**Figura 14.** Fragmentogramas (m/z = 191) dos óleos brutos AN, BS, CI, DB, EA e FI. 1: terpano tricíclico c23 (t23), 2: terpano tricíclico c24 (t24), 3: terpano tricíclico c26 (t26), 4: trisnorneohopano (Ts), 5: trisnorhopano (Tm), 6: norhopano c29 (h29), 7: hopano c30 (h30).

Foram também obtidos fragmentogramas associados a m/z = 217 na fração de hidrocarbonetos saturados, que corresponde a uma família de biomarcadores tetracíclicos sem aromaticidade (Figura 15). Em consonância com o que foi referido anteriormente para os terpanos, mais uma vez o crude AN foi a amostra que permitiu a melhor visualização destes biomarcadores provenientes de organismos eucariotas. Além disso, observou-se uma distribuição semelhante para os crudes da Fm Springhill (AN, DB, EA e FI), que se caracterizaram por uma forte presença de pregnano (picos 1, 2 e 3), c27 diasteranos (4) e colestanos (5). Em contrapartida, a amostra CI ligada à Fm Magallanes Inferior apresentou com fraca intensidade os biomarcadores mencionados para a Fm Springhill. É de notar que no crude BS as diferenças foram ainda maiores porque foram evidenciadas baixas abundâncias de c27 diasteranos (4), colestanos (5), ergostanos (6) e estigmastanos (7). Para efeitos práticos, os fragmentogramas de iões m/z = 217 para AC, AS, BM, BI, CO, DA, EB, FM e FS não foram apresentados porque preservaram bem este perfil de biomarcadores entre crudes do mesmo reservatório. Os resultados obtidos para AN, AC e AS podem ser perfeitamente extrapolados para os mencionados para os terpanos, sugerindo o grande potencial destas moléculas para a correspondência de crudes que sofreram paleobiodegradação no reservatório.

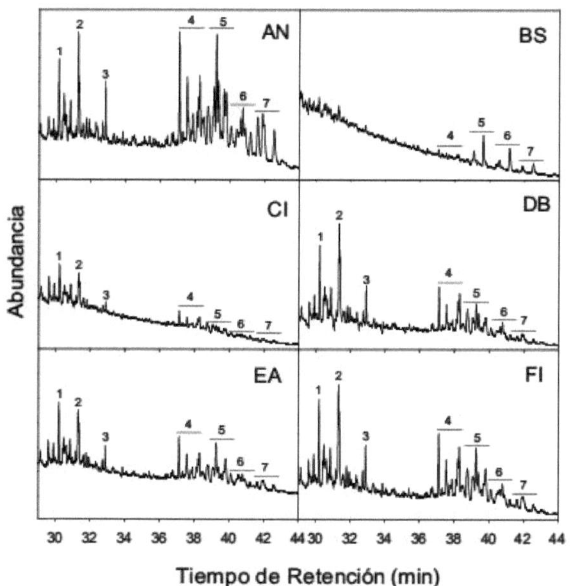


Tempo de retenção (min)

**Figura 15:** Fragmentogramas (m/z = 217) dos crus AN, BS, CI, DB, EA e FI. 1: $C_{20}$ esterano ($S_{20}$), 2: $C_{21}$ esterano ($S_{21}$), 3: $C_{22}$ esterano ($S_{22}$), 4: $C_{27}$ diasteranos ($D_{27}$). 5: colestanos ($S_{27}$), 6: ergostanos ($S_{28}$), 7: estigmastanos ($S_{29}$).

### 3.2.2 Matéria orgânica precursora.

Utilizando o rácio $P/n$-$C_{17}$ em função de $F/n$-$C_{18}$ com os valores apresentados nas Tabelas 13 e 14, o Gráfico de Shanmugam (Figura 16) foi traçado para avaliar a matéria orgânica precursora dos óleos brutos. A maioria das amostras foi agrupada no quadrante inferior esquerdo, perto umas das outras, na zona definida como matéria orgânica mista. No entanto, alguns óleos brutos não apresentaram este comportamento e afastaram-se, em menor ou maior grau, do que foi descrito acima. Por um lado, os hidrocarbonetos do reservatório Água Fresca - Fm Magallanes Inferior (azul) posicionaram-se na região mista, mas afastados do canto inferior esquerdo do gráfico, o que evidencia uma elevada maturidade térmica atingida pelos crudes posicionados nessa parte do gráfico. Por outro lado, as amostras da jazida María Inés - Fm Magallanes Inferior (amarelo) localizaram-se no limite da interface terrena-mista. Finalmente, a diferença mais notável foi a do crude AN, que se deslocou para a parte superior direita do diagrama de Shanmugam (Shanmugam 1985).

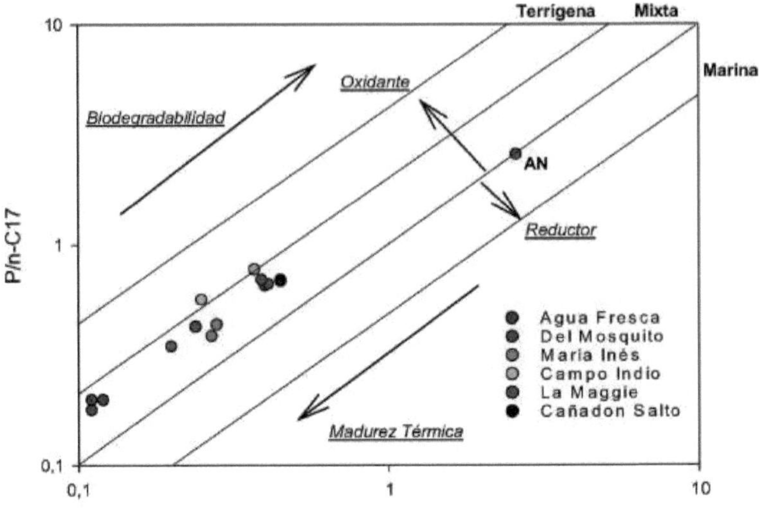



**Figura 16.** P/n-C17 em função de F/n-C18 para os petróleos brutos estudados (Shanmugam 1985).

Outra forma de analisar a natureza da matéria orgânica que se depositou e deu origem a estes crudes por transformações biológicas, físicas e geoquímicas subsequentes é através da relação P/n-C17 em função de P/F (Figura 17), que complementou os resultados apresentados no diagrama de Shanmugam. Neste caso, todos os crudes se situaram no intervalo definido para matéria de tipo misto. No entanto, o crude AN distanciou-se significativamente dos restantes na parte superior do gráfico, o que está relacionado com alterações de paleobiodegradação como já observado na Figura 16.

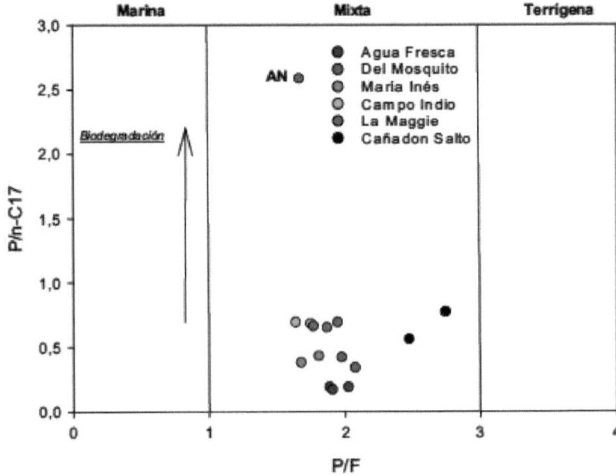



**Figura 17.** P/n-C17 em função de P/F para os petróleos brutos estudados (Peters et al. 2005).

### 3.2.3 Litologia das rochas geradoras.

A partir das percentagens relativas dos isómeros metilados de dibenzotiofeno apresentadas nos quadros 13 e 14, foi possível determinar a litologia das formações de Palermo Aike e Margas Verdes (rochas geradoras) com base na distribuição destes HAP (Hughes et al. 1995).

O comportamento destes compostos aromáticos de enxofre seguiu um padrão semelhante a uma escada, ou seja, as percentagens relativas diminuíram de 4-MeDBT para 2+3-MeDBT e para 1-MeDBT em todos os casos, o que é caraterístico de uma litologia siliciclástica.

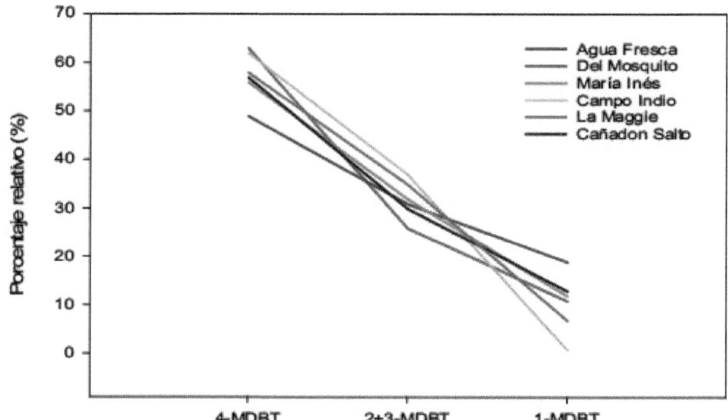


É importante esclarecer que, para uma melhor visualização das linhas de tendência, foi feita a média das percentagens relativas de cada poço ligado ao respetivo reservatório, porque a representação das 15 amostras tornava o gráfico pouco claro (Figura 18).

**Figura 18.** Percentagens de MeDBTs para cada uma das albufeiras (Killops e Killops 2005).

Com base nas proporções de esteranos $S_{27}$, $S_{28}$ e $S_{29}$ (Tabelas 13 e 14), foi traçado o diagrama ternário proposto por Moldowan et al. (1985). Este mostra que as amostras estão associadas a uma litologia do tipo xisto marinho, exceto no caso do petróleo bruto do reservatório Del Mosquito (Figura 19). Nestas amostras, foi também observada uma litologia do tipo xisto marinho, mas calcária.

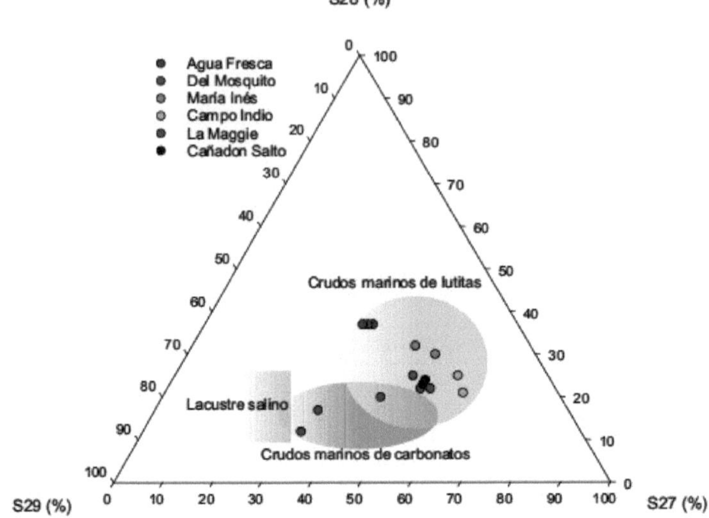


**Figura 19.** Diagrama ternário de esterano para os petróleos brutos analisados. Modificado de Moldowan et al. 1985.

A litologia presente durante a sedimentação da matéria orgânica é um aspeto fundamental da formação do petróleo. Para compreender este aspeto, o rácio dibenzotiofeno/fenantreno (DBT/Ph) foi determinado e apresentado como uma função do rácio P/F (Figura 19). Hughes et al. (1995) propuseram que o rácio DBT/Ph tem a capacidade de avaliar a disponibilidade de enxofre reduzido que é incorporado na matéria orgânica.

É também um bom indicador de rochas de origem carbonatada quando o rácio é superior a um e de rochas de origem siliciclástica quando o rácio é inferior a um.

Por outro lado, a razão P/F indica as condições oxidoredutoras do ambiente deposicional. Neste sentido, os resultados permitiram-nos inferir que a litologia das formações Palermo Aike e Margas Verdes (rochas geradoras) era siliciclástica (xisto marinho). É de salientar que todos os petróleos brutos foram formados a partir de matéria orgânica que sedimentou em ambientes marinhos, nos quais as condições oxidorredutoras eram subóxicas-detóxicas.

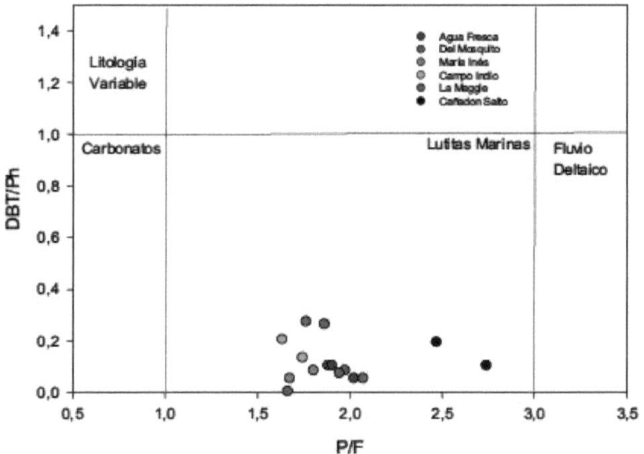


Figura 20. DBT/Ph vs P/F para os petróleos brutos estudados (Hughes et al. 1985).

Em resumo, os parâmetros avaliados sugerem que a matéria orgânica precursora dos 15 petróleos brutos estudados era de tipo misto, ou seja, marinho com entrada continental. Além disso, os crudes não apresentaram paleobiodegradação, exceto no caso das amostras extraídas do poço de petróleo AN. Por outro lado, a Fm Palermo Aike e a Fm Margas Verdes (rochas geradoras) que geraram estes hidrocarbonetos são de natureza marinha siliciclástica (tipo
xisto).

### 3.3 Estabilidade ambiental.

A visualização das TIC é o ponto de partida para determinar se houve alterações na composição das amostras de petróleo bruto nas condições laboratoriais a que foram submetidas (Figura 21). Para as amostras de crude extraídas dos sistemas de água do mar no tempo zero (T0), observou-se uma distribuição bimodal dos n-alcanos (Figura 21A), começando com o nonano (n-C9) e terminando com o triacontano (n-C30). Entre a primeira (T1) e a segunda (T2) semana, começou a manifestar-se um decréscimo dos n-alcanos mais leves caracterizado por uma diminuição total do n-C9 (Figuras 21B-C) e, por outro lado, verificou-se uma elevação da linha de base. Durante a terceira semana (T3) e o primeiro mês (T4), a subida da linha de base tornou-se mais acentuada (Figuras 21D-E) e a distribuição dos n-alcanos caracterizou-se por uma diminuição da abundância dos seguintes compostos: n-C10, n-C11, n-C12 e n-C13. Aos dois meses (T5), os n-alcanos até ao tridecano (n-C13) diminuíram completamente em abundância e a MCNR ou corcunda no cromatograma, que é uma evidência típica de biodegradação, aumentou (Figura 21F). Esta MCNR é constituída por produtos de biodegradação que não podem ser separados por cromatografia, constituindo assim uma incógnita no TIC (Choi et al. 2020). Durante T6, T7 e T8 (quatro, seis e nove meses, respetivamente), o petróleo bruto apresentou uma perda de moléculas n-C14, n-C15 e n-C16, e a elevação da linha de base tornou-se ainda mais pronunciada (Figuras 21G-I). Por fim, quando a experiência tinha um ano (T9), visualizou-se no TIC uma diminuição de n-C17 e de P (Figura 21J), o que levou a uma diminuição acentuada da relação P/F.

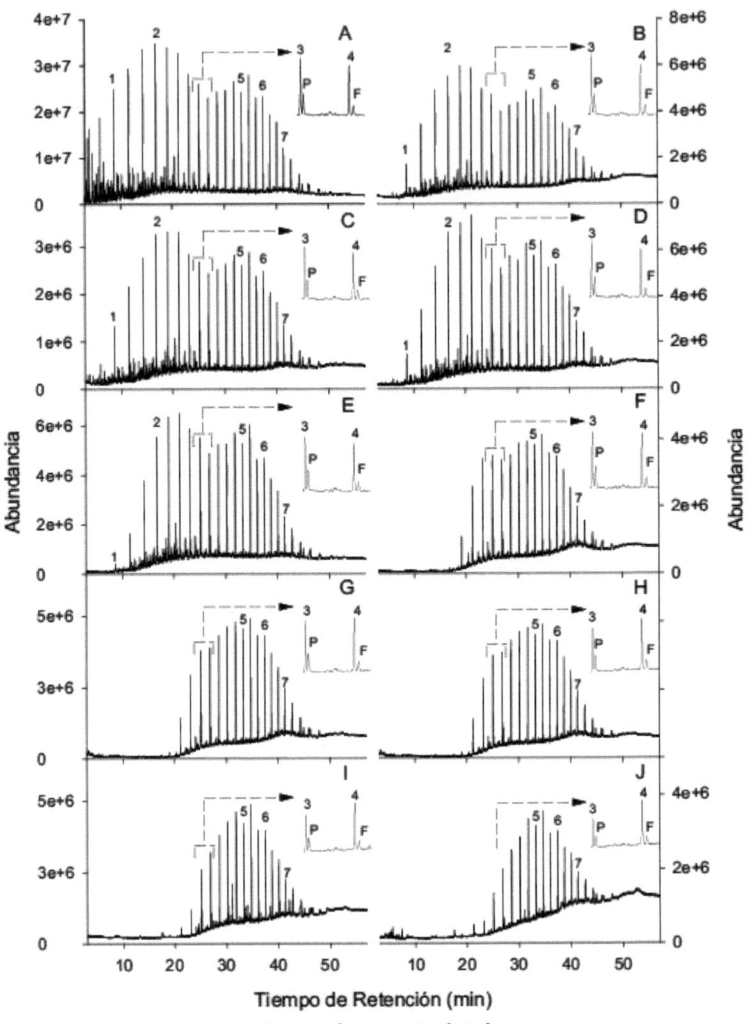

Tiempo de Retención (min)

Tempo de retenção (min)

**Figura 21.** TICs de petróleo bruto AS extraído da água do mar nos tempos T0 (A) a T9 (J). 1: decano (n-C10), 2: tridecano (n-C13), 3: heptadecano (n-C17), 4: octadecano (n-C18), 5: docosano (n-C22), 6: pentacosano (n-C25), 7: octacosano (n-C28), P: pristano, F: fitano.

As amostras de petróleo bruto que interagiram com o solo foram caracterizadas por uma distribuição semelhante à descrita para o ensaio com água do mar. No entanto, inicialmente (T0) eram evidentes abundâncias mais baixas dos n-alcanos entre n-C9 e n-C12 e, além disso, o levantamento da linha de base ocorreu no início do ensaio (Figura 22A). Estas diferenças devem-se ao processo de manuseamento do petróleo bruto, que foi necessário para conseguir uma distribuição homogénea do petróleo bruto nas amostras de solo utilizadas na experiência. Durante o primeiro mês (T1 a T4) não se registaram grandes alterações no padrão e abundância dos n-alcanos, mas houve um aumento acentuado na linha de base (Figuras 22B-

40

E). Após dois meses (T5), a perda de n-C11 e n-C12 foi evidente (Figura 22F) e, além disso, a elevação mais pronunciada da linha de base nesta altura resultou, durante T6 (quatro meses), no aparecimento de uma mistura de compostos não resolvidos (MCNR). Esta MCNR (Figura 22G) está associada a moléculas geradas pela biodegradação que não podem ser resolvidas nas condições de análise (Sutton et al. 2005). Por outro lado, verificou-se o desaparecimento de n-alcanos para tetradecano (n-C14). O MCNR evoluiu aos 6 meses (T7) e estabilizou entre 9 (T8) e 12 meses (T9) sem afetar sensivelmente a composição global da amostra de petróleo bruto envelhecido (Figuras 22H-J).

Além disso, o fragmentograma correspondente ao ião m/z = 191 (Figuras 23A) permitiu visualizar sinais claros e intensos dos terpanos tricíclicos (c23 e c26), pentacíclicos (hopanos c29 e c30) e hopanos estendidos (homohopanos c31, c32 e c33). Nomeadamente, não foi observada qualquer diminuição do sinal ligado aos homo-hopanos (c31 a c33). Este facto foi igualmente evidente nas concentrações relativas dos restantes isoprenóides cíclicos ao longo do ano de estudo para a amostra de crude sujeita a meteorização artificial, tanto em reactores com água do mar (Figuras 23B-J), como em reactores com solo. É importante acrescentar que foi visualizado um levantamento gradual da linha de base através dos fragmentogramas apresentados nas Figuras 23A-J. Este facto afectou as fases posteriores do estudo. Este facto afectou, nas fases posteriores do ensaio, as alturas dos terpanos tricíclicos, mas não os RDs destes isoprenóides cíclicos apresentados nas Tabelas 15 e 16. Para efeitos práticos do trabalho, não foram apresentados os fragmentogramas para as amostras de crude com solo devido a uma semelhança acentuada com os obtidos para o ensaio com água do mar.

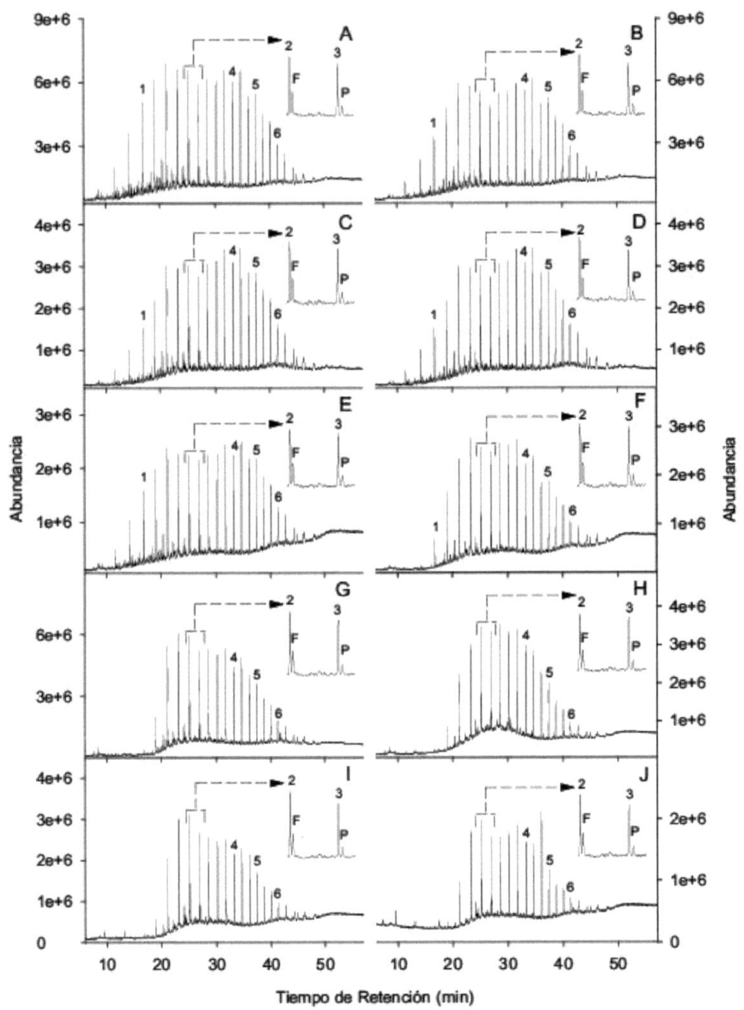

Figura 22. TICs do AS bruto extraído do solo nos tempos T0 (A) a T9 (J). 1: tridecano ($n$-C13), 2: heptadecano ($n$-C17), 3: octadecano ($n$-C18), 4: docosano ($n$-C22), 5: pentacosano ($n$-C25), 6: octacosano ($n$-C28), P: pristano, F: fitano.

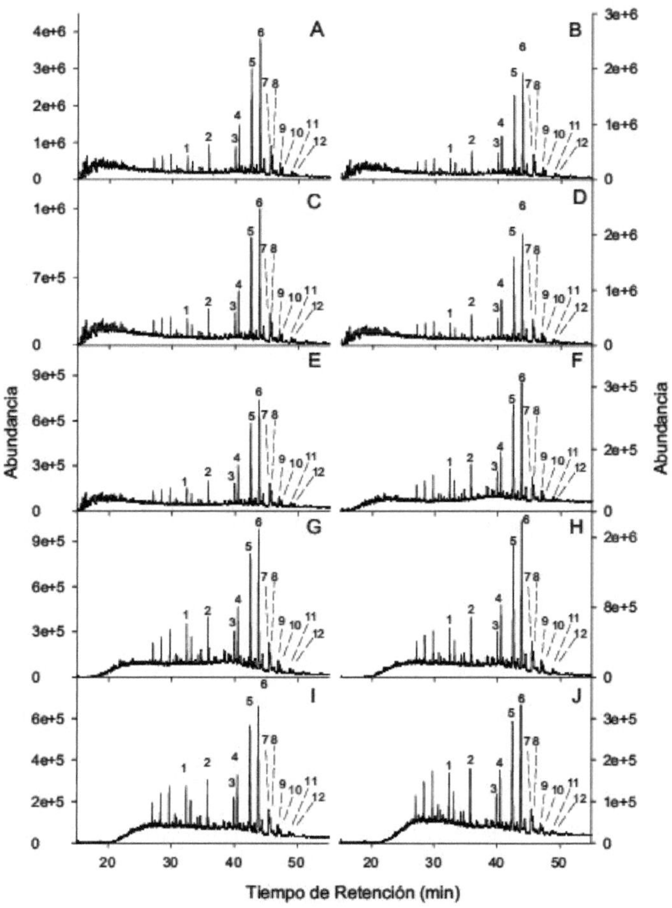


Tempo de retenção (min)

**Figura 22.**    Fragmentogramas (m/z = 191) de petróleo bruto AS extraído da água do mar nos tempos T0 (A) a T9 (J). 1: terpano tricíclico $C_{23}$ ($T_{23}$), 2: terpano tricíclico $C_{26}$ ($T_{26}$), 3: trisnorneohopano (Ts), 4: trisnorhopano (Tm), 5: norhopano $C_{29}$ ($H_{29}$), 6: hopano $C_{30}$ ($H_{30}$), 7-8: homohopanos $C_{31}$ (R e S), 9-10: homohopanos $C_{32}$ (R e S), 11-12: homohopanos $C_{33}$ (R e S).

Finalmente, nos fragmentogramas de massa para o ião m/z = 217, obtidos a partir das amostras brutas expostas aos reactores de água do mar, observou-se uma diminuição das abundâncias relativas dos esteranos ($C_{27}$, $C_{28}$ e $C_{29}$) e dos diasteranos $C_{27}$ em função do pregnano $C_{21}$ e do homopregnano $C_{22}$. No entanto, a intensidade relativa do padrão de distribuição dos esteranos regulares ($C_{27}$, $C_{28}$, $C_{29}$) não se alterou ao longo da experiência (Figuras 24A-J). Além disso, os esteranos não apresentaram uma

A intensidade dos sinais entre c21 e c22 em relação a c27, c28 e c29 sugere uma possível alteração por biodegradação (López e Infante 2021).

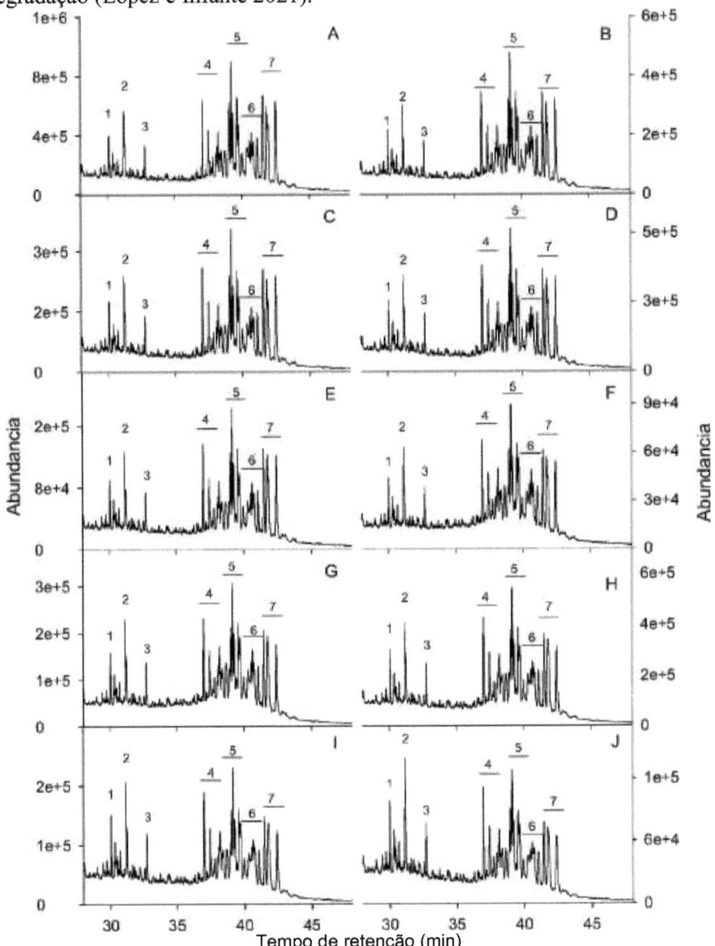

**Figura 24.** Fragmentogramas (m/z = 217) de AS bruto extraído da água do mar nos tempos T0 (A) a T9 (J). 1: c20 esterano (s20), 2: c21 esterano (s21), 3: c22 esterano (s22), 4: c27 diasteranos (d27). 5: colestanos (s27), 6: ergostanos (s28), 7: estigmastanos (s29).

Por último, é de referir que estes fragmentogramas eram praticamente idênticos para os petróleos brutos expostos a reactores com solo, pelo que apenas foram apresentados os resultados associados aos hidrocarbonetos em sistemas aquosos.

### 3.3.1 Estabilidade ambiental do petróleo bruto na água do mar.

As médias e os DPs dos RDs para o teste do crude intemperizado em água do mar permitiram determinar os RSDs para cada índice de diagnóstico no intervalo de um ano (Tabelas 15 e 16). A análise derivada desta matriz de dados mostrou que os valores mais baixos de RSD estavam ligados aos RDs de terpanos e esteranos. Além disso, os rácios ligados aos isoprenóides alicíclicos pristano e fitano com os respectivos n-alcanos e às moléculas aromáticas metiladas associadas ao fenantreno e ao dibenzotiofeno também foram inferiores a 5 %. Por outro lado, apenas três rácios apresentaram um RSD superior a 5 %: P/F, (n-C13 + n-C14) / (n-C25 + n-C26) e (N0 + N1) / N2. Estas alterações ocorreram ao longo do tempo definido para o estudo, que foi de um ano. É interessante notar que, dois meses (T5) após o início da experiência, tanto (n-C13 + n-C14) / (n-C25 + n-C26) como (N0 + N1) / N2 diminuíram substancialmente. Finalmente, o rácio P/F fê-lo após um ano (T9), demonstrando uma maior estabilidade. No entanto, a utilização destes RDs não é adequada para análises baseadas na comparação de amostras suspeitas e ambientais para derrames ocorridos na água do mar com tempos de residência de 12 meses ou mais.

**Tabela 15:** Relações de diagnóstico para o petróleo bruto AS na água do mar nos tempos T0 - T5.

| RDs | T0 | T1 | T2 | T3 | T4 | T5 |
|---|---|---|---|---|---|---|
| P/F | 1,85 ± 0,2 | 1,86 ± 0,0 | 1,87 ± 0,2 | 1,88 ± 0,1 | 1,89 ± 0,1 | 1,89 ± 0,0 |
| P/n-C17 | 0,41 ± 0,0 | 0,39 ± 0,0 | 0,43 ± 0,0 | 0,42 ± 0,0 | 0,43 ± 0,0 | 0,43 ± 0,0 |
| F/n-C18 | 0,24 ± 0,0 | 0,23 ± 0,0 | 0,24 ± 0,0 | 0,24 ± 0,0 | 0,23 ± 0,0 | 0,24 ± 0,0 |
| (C13+C14)/(C25+C26) | 1,39 ± 0,0 | 1,29 ± 0,1 | 1,29 ± 0,0 | 1,25 ± 0,1 | 1,13 ± 0,1 | 0,15 ± 0,0 |
| (N0 + N1)/N2 | 0,54 ± 0,0 | 0,41 ± 0,0 | 0,40 ± 0,0 | 0,34 ± 0,0 | 0,31 ± 0,0 | 0,00 ± 0,0 |
| 2-MP/1-MP | 1,54 ± 0,0 | 1,62 ± 0,1 | 1,54 ± 0,1 | 1,52 ± 0,0 | 1,53 ± 0,0 | 1,51 ± 0,1 |
| 4/1-MeDBT | 6,03 ± 0,1 | 6,01 ± 0,1 | 6,01 ± 0,1 | 6,04 ± 0,3 | 6,04 ± 0,1 | 6,08 ± 0,4 |
| 2 + 3/1-MeDBT | 2,94 ± 0,1 | 2,92 ± 0,2 | 2,91 ± 0,2 | 2,99 ± 0,3 | 2,88 ± 0,1 | 2,92 ± 0,2 |
| Ts/H30 | 0,10 ± 0,0 | 0,11 ± 0,0 | 0,11 ± 0,0 | 0,11 ± 0,0 | 0,11 ± 0,0 | 0,12 ± 0,0 |
| G30/H30 | 0,03 ± 0,0 | 0,03 ± 0,0 | 0,03 ± 0,0 | 0,03 ± 0,0 | 0,03 ± 0,0 | 0,03 ± 0,0 |
| M30/H30 | 0,08 ± 0,0 | 0,08 ± 0,0 | 0,08 ± 0,0 | 0,08 ± 0,0 | 0,08 ± 0,0 | 0,08 ± 0,0 |
| Ts/Tm | 0,49 ± 0,0 | 0,50 ± 0,0 | 0,49 ± 0,0 | 0,49 ± 0,0 | 0,50 ± 0,0 | 0,51 ± 0,0 |
| M30/H29 | 0,18 ± 0,0 | 0,17 ± 0,0 | 0,16 ± 0,0 | 0,17 ± 0,0 | 0,17 ± 0,0 | 0,16 ± 0,0 |
| H31 (R)/H31 (S) | 0,57 ± 0,0 | 0,58 ± 0,0 | 0,58 ± 0,0 | 0,58 ± 0,0 | 0,57 ± 0,0 | 0,55 ± 0,0 |
| D27 βα (R)/H30 | 0,03 ± 0,0 | 0,03 ± 0,0 | 0,03 ± 0,0 | 0,04 ± 0,0 | 0,04 ± 0,0 | 0,04 ± 0,0 |
| D27 β (S)/ D27 β (R) | 2,34 ± 0,0 | 2,35 ± 0,1 | 2,33 ± 0,0 | 2,32 ± 0,0 | 2,36 ± 0,0 | 2,32 ± 0,1 |
| S28 αββ (R + S)/H30 | 0,05 ± 0,0 | 0,06 ± 0,0 | 0,06 ± 0,0 | 0,06 ± 0,0 | 0,06 ± 0,0 | 0,07 ± 0,0 |
| D27 β (R)/S29 a (S) | 0,20 ± 0,0 | 0,21 ± 0,0 | 0,20 ± 0,0 | 0,22 ± 0,0 | 0,23 ± 0,0 | 0,24 ± 0,0 |
| S29 aaa (S)/H30 | 0,14 ± 0,0 | 0,15 ± 0,0 | 0,16 ± 0,0 | 0,16 ± 0,0 | 0,15 ± 0,0 | 0,16 ± 0,0 |
| S29α(SyS29α(R+S) | 2,30 ± 0,1 | 2,28 ± 0,2 | 2,30 ± 0,1 | 2,21 ± 0,1 | 2,24 ± 0,1 | 2,24 ± 0,1 |

Idem Quadro 16.

**Tabela 16.** Relações de diagnóstico para o petróleo bruto AS na água do mar nos tempos T6 - T9.

| RDs | T6 | T7 | T8 | T9 | DER |
|---|---|---|---|---|---|
| P/F | 1,84 ± 0,2 | 1,84 ± 0,1 | 1,83 ± 0,1 | 1,06 ± 0,0 | 14,3 % |
| P/n-C17 | 0,42 ± 0,0 | 0,43 ± 0,0 | 0,43 ± 0,0 | 0,44 ± 0,0 | 3,26 % |
| F/n-C18 | 0,22 ± 0,0 | 0,22 ± 0,0 | 0,22 ± 0,0 | 0,24 ± 0,0 | 3,97 % |
| (C13+C14)/(C25+C26) | 0,01 ± 0,0 | 0,00 ± 0,0 | 0,00 ± 0,0 | 0,00 ± 0,0 | 99,9 % |
| (N0 + N1)/N2 | 0,00 ± 0,0 | 0,00 ± 0,0 | 0,00 ± 0,0 | 0,00 ± 0,0 | 99,9 % |
| 2-MP/1-MP | 1,50 ± 0,0 | 1,47 ± 0,0 | 1,46 ± 0,0 | 1,46 ± 0,0 | 3,11 % |
| 4/1-MeDBT | 6,10 ± 0,2 | 6,04 ± 0,2 | 6,04 ± 0,0 | 6,03 ± 0,1 | 0,47 % |
| 2 + 3/1-MeDBT | 2,94 ± 0,0 | 2,98 ± 0,1 | 3,00 ± 0,1 | 2,94 ± 0,2 | 1,30 % |
| Ts/H30 | 0,11 ± 0,0 | 0,11 ± 0,0 | 0,12 ± 0,0 | 0,12 ± 0,0 | 3,01 % |
| G30/H30 | 0,02 ± 0,0 | 0,02 ± 0,0 | 0,02 ± 0,0 | 0,02 ± 0,0 | 4,46 % |
| M30/H30 | 0,08 ± 0,0 | 0,08 ± 0,0 | 0,08 ± 0,0 | 0,08 ± 0,0 | 2,75 % |
| Ts/Tm | 0,50 ± 0,0 | 0,50 ± 0,0 | 0,50 ± 0,0 | 0,52 ± 0,0 | 1,97 % |
| M30/H29 | 0,16 ± 0,0 | 0,16 ± 0,0 | 0,16 ± 0,0 | 0,16 ± 0,0 | 4,10 % |
| H31 (R)/H31 (S) | 0,55 ± 0,0 | 0,54 ± 0,0 | 0,57 ± 0,0 | 0,57 ± 0,0 | 2,35 % |
| D27 βα (R)/H30 | 0,04 ± 0,0 | 0,03 ± 0,0 | 0,03 ± 0,0 | 0,04 ± 0,0 | 4,20 % |
| D27 β (S)/ D27 β (R) | 2,34 ± 0,0 | 2,30 ± 0,0 | 2,35 ± 0,1 | 2,32 ± 0,0 | 0,75 % |
| S28 αββ (R + S)/H30 | 0,07 ± 0,0 | 0,05 ± 0,0 | 0,04 ± 0,0 | 0,04 ± 0,0 | 4,55 % |

| | | | | | |
|---|---|---|---|---|---|
| D27 β (R)/S29 α (S) | 0,24 ± 0,0 | 0,30 ± 0,0 | 0,28 ± 0,0 | 0,26 ± 0,0 | 4,63 % |
| S29 ααα (S)/H3o | 0,15 ± 0,0 | 0,14 ± 0,0 | 0,14 ± 0,0 | 0,16 ± 0,0 | 4,50 % |
| S29α(SyS29α(R+S) | 2,26 ± 0,2 | 2,24 ± 0,1 | 2,23 ± 0,1 | 2,20 ± 0,1 | 1,46 % |

1713M2526P/F = pristano/phytano, P/n-C = pristano/heptadecano, F/n-C18 = fitano/octadecano, (C + C )/(C + C ) = (tridecano + tetradecano) / (pentadecano + hexadecano), 013030(N + N )/N2 = (naftaleno + metilnaftaleno) / dimetilnaftaleno, 2-MP/1-MP = 2/1-metilfenantreno, 4/1-MeDBT = 4/1-metildibenzotiofeno, 2 + 3/1/1-MeDBT = 2 + 3/1-metildibenzotiofeno, Ts/H = trisnorneohopano/hopano C , 3030 30303030302929313127303oG /H = gama-hopano/hopano C , M /H = moretano/hopano C , Ts/Tm = trisnorneohopano/trisnorneohopano, M /H = moretano/hopano C , H (R)/H (S) = homohopanos, D βα (R)/H = diasterano/hopano C , 27272830 3027292930302929D β (S)/ D β (R) = diasteranos, S αββ (R + S)/H = ergostanos/hopano C , D β (R)/S α (S) = diasterano/estigmastano, S αααα (S)/H = estigmastano/hopano C , S α(S)/S α(R+S) = estigmastanos.

### 3.3.2 Estabilidade ambiental do petróleo bruto no solo.

Os valores de RSD para o petróleo bruto disseminado no solo mantiveram-se abaixo de 5 % na maioria dos casos (quadros 17 e 18), no entanto, as amostras sofreram meteorização em condições laboratoriais após um ano. Isto deve-se ao facto de alguns rácios terem excedido o limite permitido, o que é indicativo de processos de meteorização no petróleo bruto. Os RSDs exibidos para as razões P/n-C17, F/n-C18, (n-C13 + n-C14) / (n-C25 + n-C26) tinham valores de aproximadamente 7, 8 e 60 %, respetivamente. Este comportamento deveu-se à perda dos alcanos leves n-C13, n-C14, n-C17 e n-C18. O rácio naftaleno apresentou uma diminuição gradual dos seus valores médios e não uma queda abrupta como o seu par desenvolvido na secção 3.2.2. Por outro lado, o rácio P/F manteve-se abaixo do limite permitido e pode ser considerado, juntamente com os restantes rácios, como uma ferramenta potencial para resolver problemas relacionados com o derrame acidental ou intencional de crude no solo durante intervalos de tempo de 12 meses.

**Tabela 17.** Relações de diagnóstico para o petróleo bruto AS no solo nos tempos T0 - T5.

| RDs | T0 | T1 | T2 | T3 | T4 | T5 |
|---|---|---|---|---|---|---|
| P/F | 2,08 ± 0,0 | 2,03 ± 0,2 | 2,04 ± 0,1 | 2,05 ± 0,0 | 2,10 ± 0,2 | 2,01 ± 0,0 |
| P/n-C17 | 0,41 ± 0,0 | 0,41 ± 0,0 | 0,41 ± 0,0 | 0,41 ± 0,0 | 0,41 ± 0,0 | 0,43 ± 0,0 |
| F/n-C18 | 0,23 ± 0,0 | 0,23 ± 0,0 | 0,25 ± 0,0 | 0,23 ± 0,0 | 0,24 ± 0,0 | 0,23 ± 0,0 |
| (C13+C14)/(C25+C26) | 0,95 ± 0,1 | 0,81 ± 0,0 | 0,83 ± 0,1 | 0,83 ± 0,0 | 0,84 ± 0,0 | 0,82 ± 0,1 |
| (No + N1)/N2 | 0,20 ± 0,0 | 0,19 ± 0,0 | 0,18 ± 0,0 | 0,17 ± 0,0 | 0,16 ± 0,0 | 0,15 ± 0,0 |
| 2-MP/1-MP | 1,58 ± 0,1 | 1,58 ± 0,0 | 1,62 ± 0,0 | 1,59 ± 0,0 | 1,58 ± 0,0 | 1,52 ± 0,0 |
| 4/1-MeDBT | 6,10 ± 0,3 | 6,02 ± 0,1 | 6,02 ± 0,1 | 6,06 ± 0,1 | 6,08 ± 0,1 | 5,98 ± 0,1 |
| 2 + 3/1-MeDBT | 2,73 ± 0,2 | 2,71 ± 0,2 | 2,70 ± 0,0 | 2,70 ± 0,1 | 2,70 ± 0,1 | 2,71 ± 0,2 |
| Ts/H3o | 0,11 ± 0,0 | 0,11 ± 0,0 | 0,10 ± 0,0 | 0,11 ± 0,0 | 0,11 ± 0,0 | 0,10 ± 0,0 |
| G30/H30 | 0,03 ± 0,0 | 0,03 ± 0,0 | 0,03 ± 0,0 | 0,03 ± 0,0 | 0,02 ± 0,0 | 0,03 ± 0,0 |
| M30/H30 | 0,08 ± 0,0 | 0,08 ± 0,0 | 0,09 ± 0,0 | 0,08 ± 0,0 | 0,08 ± 0,0 | 0,08 ± 0,0 |
| Ts/Tm | 0,49 ± 0,0 | 0,49 ± 0,0 | 0,49 ± 0,0 | 0,49 ± 0,0 | 0,48 ± 0,0 | 0,48 ± 0,0 |
| M30/H29 | 0,17 ± 0,0 | 0,16 ± 0,0 | 0,16 ± 0,0 | 0,16 ± 0,0 | 0,15 ± 0,0 | 0,17 ± 0,0 |
| H31 (R)/H31 (S) | 0,58 ± 0,0 | 0,57 ± 0,0 | 0,56 ± 0,0 | 0,56 ± 0,0 | 0,54 ± 0,0 | 0,54 ± 0,0 |
| D27 βα (R)/H3o | 0,03 ± 0,0 | 0,03 ± 0,0 | 0,03 ± 0,0 | 0,04 ± 0,0 | 0,04 ± 0,0 | 0,03 ± 0,0 |
| D27 β (S)/ D27 β (R) | 2,33 ± 0,1 | 2,41 ± 0,1 | 2,35 ± 0,1 | 2,39 ± 0,0 | 2,42 ± 0,1 | 2,33 ± 0,0 |
| S28 αββ (R + S)/H3o | 0,06 ± 0,0 | 0,06 ± 0,0 | 0,06 ± 0,0 | 0,06 ± 0,0 | 0,06 ± 0,0 | 0,05 ± 0,0 |
| D27 β (R)/S29 a (S) | 0,22 ± 0,0 | 0,22 ± 0,0 | 0,22 ± 0,0 | 0,23 ± 0,0 | 0,24 ± 0,0 | 0,23 ± 0,0 |
| S29 aaa (S)/H3o | 0,15 ± 0,0 | 0,15 ± 0,0 | 0,15 ± 0,0 | 0,16 ± 0,0 | 0,16 ± 0,0 | 0,14 ± 0,0 |
| S29α(SyS29α(R+S) | 2,21 ± 0,1 | 2,22 ± 0,1 | 2,18 ± 0,1 | 2,27 ± 0,0 | 2,25 ± 0,1 | 2,23 ± 0,0 |

Idem Quadro 16.

**Tabela 18.** Relações de diagnóstico para o petróleo bruto AS no solo nos tempos T6 - T9.

| RDs | T6 | T7 | T8 | T9 | DER |
|---|---|---|---|---|---|
| P/F | 2,11 ± 0,0 | 1,99 ± 0,1 | 2,06 ± 0,1 | 1,98 ± 0,0 | 2,07 % |
| P/n-C17 | 0,46 ± 0,0 | 0,46 ± 0,0 | 0,48 ± 0,0 | 0,49 ± 0,0 | 7,61 % |

| | | | | | |
|---|---|---|---|---|---|
| F/n-C18 | $0,22 \pm 0,0$ | $0,22 \pm 0,0$ | $0,28 \pm 0,0$ | $0,27 \pm 0,0$ | 8,24 % |
| (C13+C14)/(C25+C26) | $0,40 \pm 0,0$ | $0,22 \pm 0,0$ | $0,09 \pm 0,0$ | $0,07 \pm 0,0$ | 59,6 % |
| (N0 + N1)/N2 | $0,12 \pm 0,1$ | $0,09 \pm 0,0$ | $0,06 \pm 0,1$ | $0,05 \pm 0,1$ | 39,6 % |
| 2-MP/1-MP | $1,59 \pm 0,1$ | $1,61 \pm 0,0$ | $1,62 \pm 0,1$ | $1,64 \pm 0,1$ | 2,11 % |
| 4/1-MeDBT | $6,01 \pm 0,1$ | $6,02 \pm 0,2$ | $6,04 \pm 0,0$ | $6,00 \pm 0,3$ | 0,62 % |
| 2 + 3/1-MeDBT | $2,72 \pm 0,0$ | $2,70 \pm 0,0$ | $2,72 \pm 0,1$ | $2,78 \pm 0,3$ | 0,96 % |
| Ts/H30 | $0,11 \pm 0,0$ | $0,11 \pm 0,0$ | $0,11 \pm 0,0$ | $0,11 \pm 0,0$ | 3,57 % |
| G30/H30 | $0,03 \pm 0,0$ | $0,02 \pm 0,0$ | $0,02 \pm 0,0$ | $0,02 \pm 0,0$ | 4,77 % |
| M30/H30 | $0,08 \pm 0,0$ | $0,08 \pm 0,0$ | $0,08 \pm 0,0$ | $0,08 \pm 0,0$ | 3,40 % |
| Ts/Tm | $0,49 \pm 0,0$ | $0,49 \pm 0,0$ | $0,50 \pm 0,0$ | $0,52 \pm 0,0$ | 2,48 % |
| M30/H29 | $0,16 \pm 0,0$ | $0,17 \pm 0,0$ | $0,15 \pm 0,0$ | $0,15 \pm 0,0$ | 4,96 % |
| H31 (R)/H31 (S) | $0,53 \pm 0,0$ | $0,56 \pm 0,0$ | $0,55 \pm 0,0$ | $0,52 \pm 0,0$ | 3,67 % |
| D27 βα (R)/H30 | $0,03 \pm 0,0$ | $0,03 \pm 0,0$ | $0,03 \pm 0,0$ | $0,03 \pm 0,0$ | 3,83 % |
| D27 β (S)/ D27 β (R) | $2,31 \pm 0,1$ | $2,31 \pm 0,1$ | $2,35 \pm 0,1$ | $2,35 \pm 0,1$ | 1,64 % |
| S28 αββ (R + S)/H30 | $0,05 \pm 0,0$ | $0,05 \pm 0,0$ | $0,05 \pm 0,0$ | $0,05 \pm 0,0$ | 4,60 % |
| D27 β (R)/S29 a (S) | $0,22 \pm 0,0$ | $0,23 \pm 0,0$ | $0,24 \pm 0,0$ | $0,22 \pm 0,0$ | 3,80 % |
| S29 aaa (S)/H30 | $0,15 \pm 0,0$ | $0,14 \pm 0,0$ | $0,14 \pm 0,0$ | $0,14 \pm 0,0$ | 3,68 % |
| S29a(SyS29a(R+S) | $2,24 \pm 0,1$ | $2,12 \pm 0,0$ | $2,23 \pm 0,1$ | $2,23 \pm 0,1$ | 1,85 % |

Idem Quadro 16.

### 3.3.3 Histogramas de petróleo bruto na água do mar.

As percentagens relativas de PAH ao longo do tempo definido para o estudo do petróleo bruto na água do mar variaram (Figura 25). Inicialmente, no sistema aquoso T0 (Figura 25A), foi observada a presença de naftaleno (N0) e dos seus derivados metílicos, fenantreno (P0) e metilfenantrenos (P1), dibenzotiofeno (D0) e metildibenzotiofenos (D1). Os compostos principais foram os dimetilnaftalenos (N2) com uma abundância relativa inferior a 30 %. Entre T1 e T4 (Figuras 25B-E), registou-se uma perda total de naftaleno e uma diminuição de metilnaftalenos (N1), e os dimetilnaftalenos (N2) foram ultrapassados em proporção pelos trimetilnaftalenos (N3). Entre dois e quatro meses (T5 e T6), os histogramas (Figuras 25F-G) mostraram primeiro o desaparecimento dos metilnaftalenos e depois dos dimetilnaftalenos, uma diminuição acentuada dos trimetilnaftalenos e um aumento significativo dos tetrametilnaftalenos (N4), do fenantreno e principalmente dos metilfenantrenos, que se tornaram os HAP dominantes com percentagens relativas superiores a 40 %. Após seis e nove meses (T7 e T8), os cromatogramas revelaram uma diminuição dos tri e tetrametilnaftalenos e uma estabilidade acentuada do fenantreno e dos metilfenantrenos (P1) como os mais abundantes, com percentagens de cerca de 60 % para este último grupo (figuras 25H-I). Finalmente, após um ano, os tri- e tetrametilnaftalenos diminuíram consideravelmente, o fenantreno permaneceu quase inalterado e os metilfenantrenos mantiveram a sua tendência com valores superiores a 60 % (Figura 25J). É de salientar que o dibenzotiofeno (D0) permaneceu quase inalterado ao longo dos 12 meses com concentrações relativas mínimas e que os metildibenzotiofenos (D1) apresentaram um ligeiro aumento durante o mesmo período.

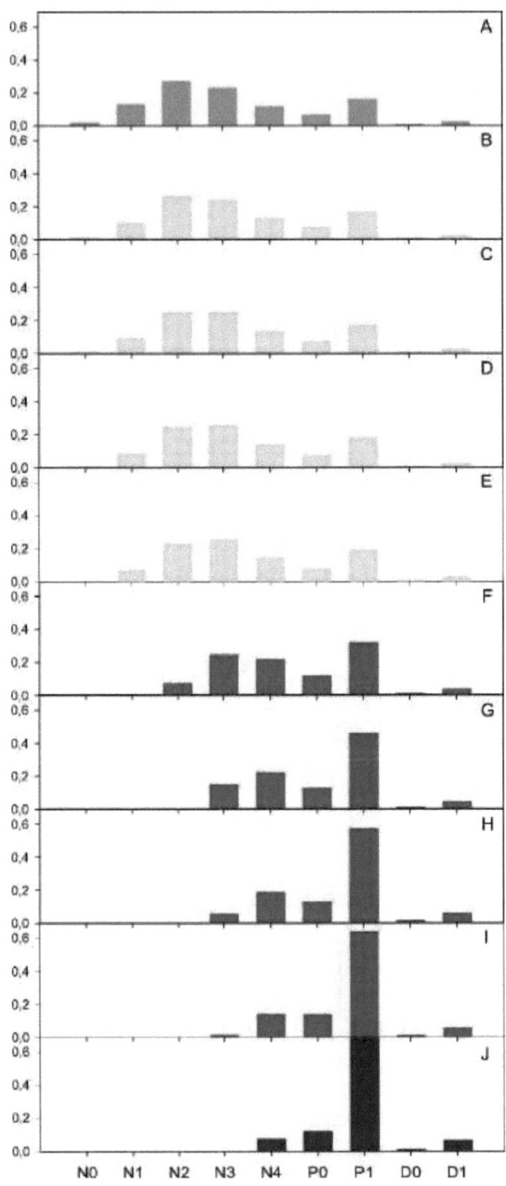



## Hidrocarbonetos aromáticos policíclicos

**Figura 25.** Histogramas de PAH para óleos brutos extraídos da água do mar nos tempos T0 (A) a T9 (J). nx: naftaleno e derivados metílicos, px: fenantreno e derivados metílicos, dx: dibenzotiofeno e derivados metílicos.

### 3.3.4 Histogramas de petróleo bruto no solo.

As percentagens relativas de PAHs variaram em cada uma das fases deste estudo (Figura 26). Inicialmente, nos sistemas de solo (Figura 26A), observou-se a presença de naftaleno (n0) e seus derivados metílicos (N1, N2, N3, N4), fenantreno (P0) e metilfenantrenos (P1), dibenzotiofeno (D0) e metildibenzotiofenos (D1). Os principais compostos foram os trimetilnaftalenos (N3) com uma abundância relativa inferior a 30 %. Entre T1 e T4 (Figuras 26B-E) registou-se uma perda sustentada de naftaleno e dos seus derivados metílicos que podem ser removidos da superfície do solo principalmente por evaporação, oxidação microbiana e dessorção (An et al. 2005). Entre dois e quatro meses (T5 e T6), foi evidente uma diminuição constante do naftaleno e dos seus derivados metilados nos histogramas (Figuras 26F-G). Além disso, registou-se um aumento significativo do fenantreno e, principalmente, dos metilfenantrenos, que se tornaram os principais PAH, com percentagens relativas de cerca de 40%. Após seis e nove meses (Figuras 26H-I), os histogramas permitiram observar a diminuição contínua do naftaleno e das suas metilmoléculas, um crescimento mais proeminente do fenantreno e a consolidação dos metilfenantrenos (P1) como os mais abundantes, com percentagens próximas de 50 %. Finalmente, ao fim de um ano (Figura 25J), o naftaleno quase desapareceu e os seus derivados metilados diminuíram muito em relação ao crude original. O fenantreno e os metilfenantrenos continuaram a aumentar as suas abundâncias relativas para valores próximos de 20 e 60 %, respetivamente. No que respeita aos HAP sulfurados, pode referir-se que o dibenzotiofeno (D0) permaneceu praticamente inalterado ao longo dos 12 meses, com uma baixa abundância relativa. Os metildibenzotiofenos (D1) registaram uma diminuição gradual durante o mesmo período, de 3 para 2 % (Figuras 26A-J).

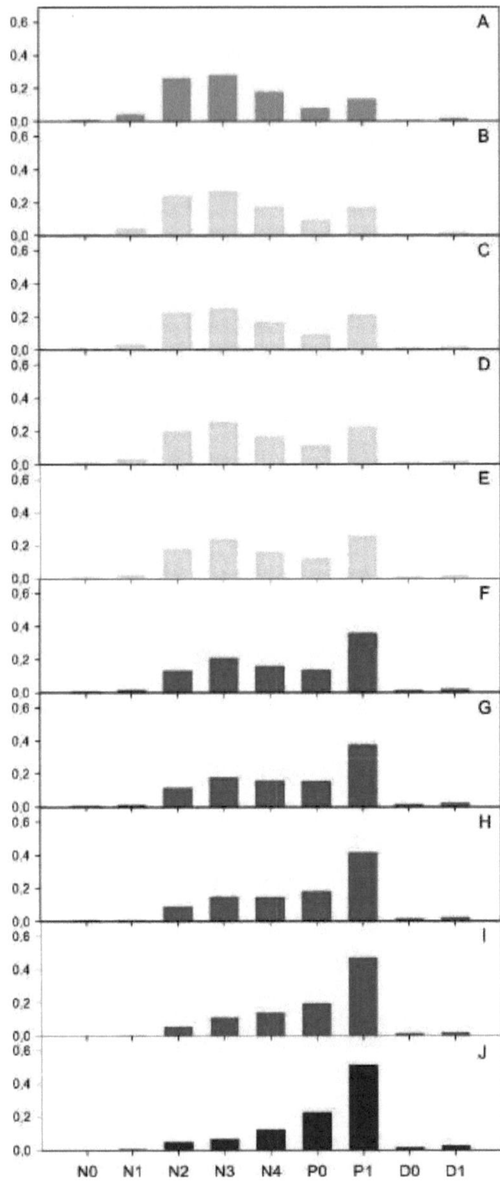


## Hidrocarbonetos aromáticos policíclicos

**Figura 26.** Histogramas de PAHs para óleos brutos extraídos do solo nos tempos T0 (A) a T9 (J). nx: naftaleno e derivados metílicos, px: fenantreno e derivados metílicos, dx: dibenzotiofeno e derivados metílicos.

# 4 DISCUSSÃO

Esta secção discute os resultados obtidos no decurso desta investigação. Numa primeira fase, avalia-se a reprodutibilidade dos 15 petróleos brutos provenientes de amostras recolhidas ao longo de um ano e, em seguida, analisa-se o grau de parentesco entre eles através da estatística multivariada. Posteriormente, procede-se à caraterização química destes hidrocarbonetos através dos seus perfis de n-alcanos, PAHs, biomarcadores e DRs derivados destas moléculas. Na segunda parte, estuda-se a estabilidade dos n-alcanos, dos PAH e dos biomarcadores do petróleo bruto AS face à meteorização. Esta experiência decorre em condições laboratoriais durante 12 meses após o petróleo bruto ter sido vertido em reactores de água do mar, por um lado, e em reactores de solo, por outro.

## 4.1 . Estudo dos 15 petróleos brutos da Bacia do Sul.

### 4.1.1 Reprodutibilidade dos óleos brutos.

Os RSDs obtidos para cada molécula analisada (secção 3.1.2) e os RDs derivados dos mesmos (secção 3.1.3) para os 15 crudes deste estudo apresentaram valores inferiores a 14 % nas amostras correspondentes. Portanto, os resultados determinaram que as amostras de crude extraídas para os reservatórios da Fm Springhill e da Fm Magallanes Inferior se mantiveram estáveis ao longo de um ano. Vale a pena notar que este comportamento era esperado, uma vez que dentro da escala geológica constitui um curto período de tempo (Peters et al. 2005; López e Lo Mónaco 2017). Por outras palavras, dentro dos reservatórios, os hidrocarbonetos estão sujeitos a vários processos de natureza física, química e/ou biológica que alteram a sua composição química quando o tempo geológico é significativo. Ou seja, quando o período de tempo é tal que ocorrem fenómenos como a biodegradação, segregação gravitacional, lavagem de água, alteração térmica, entre outros (Killops e Killops 2005; López et al. 2019). Por outro lado, o facto de os RSD terem tido percentagens entre 1 e 13% está dentro do viés associado à variabilidade analítica das metodologias utilizadas, à natureza complexa das amostras e aos vários compartimentos com os quais está em contacto desde o reservatório até à absorção (Zhang et al. 2015).

### 4.1.2 Análise estatística multivariada.

A análise de clusters (secção 3.1.4) permitiu visualizar uma distribuição acentuada das amostras de petróleo bruto por níveis. Numa primeira fase, os hidrocarbonetos foram agrupados em função do poço de petróleo de onde foram extraídos. É importante referir que estamos a falar dos mesmos crudes e que, além disso, isto está correlacionado com os resultados obtidos para a estabilidade em função do tempo, desenvolvidos na secção anterior. Em segundo lugar, as amostras utilizadas durante este estudo foram associadas aos respectivos reservatórios. Este facto está associado aos ambientes geológicos contidos que estes reservatórios petrolíferos apresentam e que geralmente permitem que a composição química dos hidrocarbonetos seja preservada (Peters et al. 2005; Lorenzo et al. 2018). O terceiro nível foi determinado pela profundidade de punção a partir da qual cada um dos óleos foi capturado. Este parâmetro gerou uma separação dos hidrocarbonetos da Springhill Fm em dois grupos. Por um lado, os reservatórios com uma profundidade de extração de 1500 m (Del Mosquito, Cañadón Salto e La Maggie) e, por outro lado, apenas o reservatório Campo Indio com perfuração abaixo da superfície de 3000 m. Para além disso, a análise de componentes principais apoiou estes resultados, uma vez que as amostras de Campo Índio foram associadas ao CT (-) e o resto dos hidrocarbonetos pertencentes à sua formação geológica foram associados ao CT (+). As maiores profundidades em relação à superfície terrestre são acompanhadas por aumentos de temperatura, de acordo com o gradiente térmico da bacia. Esse calor promove uma maior maturidade térmica dos óleos localizados em regiões mais profundas e explica as diferenças encontradas (Hardebol et al. 2009; Han et al. 2019).

Dentro de uma bacia, as formações geológicas representam o ponto mais diferencial no momento de contrastar os crudes que delas provêm, pois são corpos rochosos caracterizados por propriedades litológicas comuns que os diferenciam dos adjacentes (Cunningham e Mann 2007). Com base nesta premissa, é razoável compreender porque é que o dendograma é separado em dois grupos principais. O primeiro é composto por praticamente todos os crudes pertencentes à Fm Springhill (AC, AS, DA, DB, EA, EB, EB, FI, FM e FS) e o segundo é composto pelos hidrocarbonetos extraídos da Fm Magallanes Inferior (BI, BM, BS, CI e CO). A este respeito, é interessante notar que na análise de componentes principais foi o CS que separou os crudes por formação; por um lado, o CS (+) continha as amostras extraídas de Springhill e o CS (-) as de Magallanes Inferior. Esta situação pode ser explicada pelas rochas geradoras destes hidrocarbonetos. Numerosos trabalhos publicaram a correlação entre o petróleo da Fm. Palermo Aike e a unidade reservatório de Springhill (Pittion e Gouadain 1992; Pittion e Arbe 1999; Rodriguez et al. 2008). Por outro lado, algumas rochas petrológicas da rocha reservatório de Magallanes Inferior poderiam ser correlacionadas com a Fm Margas Verdes (Villar e Arbe 1993). Além disso, segundo Robbiano e Arbe (1996), as rochas petrológicas das jazidas de Campo Boleadoras e Maria Inés (Fm Magallanes Inferior) também são correlacionáveis com a Fm Margas Verdes. Isto significa que foram estabelecidas correlações na Bacia Austral que permitem um reconhecimento geral da relação entre as rochas geradoras e os hidrocarbonetos descobertos. No entanto, as correlações apresentam muitas vezes um certo grau de incerteza, dada a semelhança entre as secções fonte de Palermo Aike/Inoceramus Inferior, Margas Verdes e equivalentes laterais (Rodriguez et al. 2008).

Por último, apenas as amostras obtidas de um único poço de petróleo não responderam ao comportamento geral acima referido. No caso do crude AN, observou-se uma separação marcada do resto dos hidrocarbonetos analisados neste estudo, tanto no dendograma (Figura 17) como no PCA (Figura 18). Relativamente a este último, é interessante mencionar que todos os petróleos brutos se localizaram numa gama estreita ao longo do COP com valores entre -0,05 e 0,05, no entanto, o AN posicionou-se em valores de COP superiores a 0,10. Esta situação pode ser explicada pela análise do seu TIC (Figura 14), que mostrou uma perda acentuada de alcanos lineares e um aumento proeminente da linha de base, levando à formação de uma Mistura Complexa Não Resolvida (MCNR). A MCNR, ou corcunda no cromatograma, é uma evidência típica de biodegradação e este processo ocorre quando o petróleo bruto é armazenado no reservatório (Lopez e Infante 2021). O hidrocarboneto AN apresentava inicialmente uma composição semelhante à dos seus pares AC e AS. No entanto, são desconhecidas as causas que desencadearam a atividade dos microrganismos para degradar os seus componentes principais (n-alcanos) a partir de um fenómeno conhecido como paleobiodegradação, que se desenvolveu ao longo de milhões de anos (López e Infante 2021). O perfil dos n-alcanos, dos PAH, dos biomarcadores e dos DR obtidos na secção 5.1.1 para cada um dos 15 petróleos brutos constitui, no seu conjunto, uma impressão digital dos petróleos brutos. Além disso, a partir dos resultados obtidos na secção 5.1.2, podemos afirmar que estes hidrocarbonetos são diferentes uns dos outros, pelo que podemos identificá-los inequivocamente através da sua impressão digital correspondente. Então, se extrapolarmos esta análise a todos os crudes extraídos da Bacia do Austral na atualidade, poderíamos gerar uma base de dados que armazenasse a impressão digital de cada um deles.

### 4.1.3 Terpanos e esteranos.

As distribuições de terpanos obtidas a partir do ião m/z = 191 (Figura 15) revelaram baixas concentrações destes biomarcadores para os hidrocarbonetos dos reservatórios Agua Fresca e María Inés (Fm Magallanes), e Campo Indio, Cañadón Salto e La Maggie (Fm Springhill). Este comportamento é caraterístico da fração de hidrocarbonetos saturados dos condensados, abrangendo a gama de n-parafinas entre 7 e 11 átomos de carbono (Schwarzkopf e Leythaeuser 1988; Orea et al. 2021). Por outras palavras, estas amostras comportam-se como um cut-off de destilação atmosférica na gama das gasolinas e as concentrações de terpanos e de esteranos são frequentemente inferiores ao limite de deteção do cromatógrafo em fase gasosa utilizado. No entanto, as propriedades físicas dos crudes em estudo (Agua Fresca, María Inés, Campo Indio, Cañadón Salto e La Maggie) não correspondem às de um condensado. Por outro lado, Rullkotter e Welte (1980) referem que este fenómeno não se observa apenas em condensados (Speight 2014). É também exibido por crudes termicamente maduros que sofreram maturação a alta temperatura (120 - 150 °C) na sua rocha de armazenamento, níveis equivalentes a valores de reflectância de vitrinite (% Ro) de 1,6 (Dow 1977; Han et al. 2019), e por hidrocarbonetos tetra e pentacíclicos que sofreram cracking térmico. Mas em crudes com a distribuição de n-parafinas reportada neste estudo, a presença de diterpanos tricíclicos deveria ser observada no fragmentograma para o ião m/z = 191. A não ser que uma elevada concentração de n-parafinas e alcanos acíclicos ramificados na fração saturada tenha mascarado a presença destes biomarcadores nas amostras (Richardson e Miller 1982; Fang et al. 2019).

Independentemente do acima exposto, para os crudes da Fm Magallanes Inferior (Agua Fresca e María Inés), a distribuição de esteranos foi obtida a partir do ião m/z = 217 (Figura 16), com uma intensidade muito baixa. Apenas foi observada a presença de esteranos ßß regulares, que são aqueles que geralmente aparecem na concentração mais alta (Seifert e Moldowan 1978; El-Sabagh et al. 2018). Nestes casos, os sinais são fracos, mas identificáveis atribuindo este comportamento ao descrito no parágrafo anterior. Por outro lado, os hidrocarbonetos de Campo Indio, Cañadón Salto e La Maggie (Springhill Fm) mostraram um padrão mais percetível destes biomarcadores em que os pregnanos se destacaram à esquerda dos fragmentogramas como os compostos mais abundantes. No entanto, houve uma exceção no perfil de terpanos e esteranos (Figura 15 e 16) que correspondeu às amostras AC, AN e AS (jazida Del Mosquito - Fm Springhill). Estes crudes apresentaram uma distribuição clara e marcada de ambos os grupos de biomarcadores, o que poderá estar relacionado com o seu ambiente geológico.

### 4.1.4 Tipo de matéria orgânica.

A origem orgânica de todos os crudes estudados é de tipo misto, principalmente marinho, com uma contribuição continental minoritária (Tissot e Welte 1984; López e Lo Mónaco 2010). É o que sugerem os rácios P/n-C17 e F/n-C18 representados no diagrama de Shanmugam (Figura 19). Esta ideia é reforçada pelas distribuições de n-alcanos observadas nas TICs na Figura 14 e pelos baixos valores da razão n-C29/n-C17 (Tabelas 13 e 14). Esta tendência já foi relatada na Bacia Austral, uma vez que estudos sobre óleos crus extraídos da Fm Springhill também mostraram esta natureza do querogénio (Rodriguez et al. 2008; Tomas et al. 2020). Por outro lado, um trabalho anterior de Villar e Arbe (1993) mostrou que os petróleos brutos extraídos da Fm Magallanes Inferior (zona centro-norte) e os extractos de rocha-mãe da Fm Margas Verdes eram querogénicos do tipo II/III (mistos). Estes resultados foram inferidos a partir de observações microscópicas que foram associadas a um material algal-amorfo com uma mistura terrigenosa menor e impressões digitais de biomarcadores (semelhantes aos fragmentogramas obtidos). Neste sentido, através de uma análise de pirólise Rock-Eval para as rochas, validaram a presença de querogénio maduro tipo II/III. Além disso, definiram a Fm Margas Verdes como a rocha de origem do crude extraído da Fm Magallanes Inferior.

(Cagnolatti e Miller 2002). Além disso, pode assegurar-se que não foi produzido petróleo bruto nos pelitos intercalados da Série Tobifera (rocha geradora lacustre), uma vez que o querogénio gerado nesta fácies é principalmente terrigenoso (tipo III) e em baixa proporção algal (tipo I; Legarreta e Villar 2011).

### 4.1.5 Paleobiodegradação.

Ao analisar a composição de amostras de petróleo bruto, é importante considerar se ocorreram alterações associadas ao fenómeno de paleobiodegradação. Esta degradação biológica dos hidrocarbonetos, mediada por microrganismos presentes no reservatório ao longo de milhões de anos, tem um impacto direto na composição dos hidrocarbonetos. Também afecta indiretamente a caraterização do tipo de matéria orgânica precursora (Peters et al. 2005; López e Infante 2021). Dos 15 petróleos brutos incluídos nesta investigação, 14 deles foram caracterizados pela ausência de desmetilopanos nos fragmentogramas para o ião m/z = 177 (não apresentado no artigo). Além disso, os valores de P/n-C17 e F/n-C18 inferiores a 0,8 (Tabelas 13 e 14), o perfil dos n-alcanos observado na Figura 14 e a distribuição dos seus pontos nas Figuras 19 e 20 indicam que estes hidrocarbonetos não foram afectados pela paleobiodegradação. O petróleo da Bacia Austral teve origem em rochas do Cretácico Inferior, nomeadamente a partir de inputs de matéria orgânica maioritariamente marinha, com inputs continentais secundários. A análise dos hidrocarbonetos acumulados nos seus reservatórios efectuada por Cagnolatti et al. (1996) indicou que não ocorreram processos de biodegradação nestes reservatórios.

A única exceção estava ligada ao petróleo bruto AN do campo Del Mosquito, que apresentava rácios P/n-C17 e F/n-C18 superiores a 2 (Tabela 13). Caracterizava-se também por um padrão irregular e muito diminuído de n-alcanos (Figura 14) e por um posicionamento na zona superior direita do diagrama de Shanmugam, longe dos restantes crudes (Figura 19), inferindo que um processo de paleobiodegradação terá afetado este hidrocarboneto. Os processos de alteração biológica não foram documentados na Bacia Austral, mas têm sido uma constante na história da geração e acumulação de petróleo na Bacia do Golfo de São Jorge. Mais detalhadamente, Villar et al. (1996) documentaram a base destes processos de alteração na Fm Bajo Barreal da Bacia do Golfo San Jorge, concluindo que os hidrocarbonetos estudados resultaram de complexos processos de biodegradação durante longos períodos de tempo geológico.

### 4.1.6 Condições de sedimentação e litologia do leito rochoso.

Os isómeros 1, 2 + 3 e 4-Methyldibenzothiophene (MeDBT) fornecem informações sobre a litologia da rocha de origem (Killops & Killops 2005; Abdulazeez & Fantke 2017). O padrão em forma de escada das percentagens relativas destes isómeros MeDBT permitiu-nos propor que a natureza das rochas geradoras é siliciclástica (Figura 21). Este facto está correlacionado com a literatura referente, por um lado, à Fm Margas Verdes, que é descrita como uma rocha geradora constituída por xistos e margas marinhas (Rodriguez et al. 2008). Por outro lado, as rochas da Fm Palermo Aike são xistos marinhos negros que estão em contacto direto com os reservatórios arenosos da Fm Springhill (Rodriguez et al. 2008).

O rácio dibenzotiofeno/fenantreno (DBT/Ph) em função do pristano/fitano (P/F) é utilizado como indicador do ambiente deposicional das rochas sedimentares (Hughes et al. 1995; Rangel et al. 2017). As amostras estudadas para a Bacia Austral estavam localizadas dentro da zona intermédia inferior no diagrama da Figura 22. Isto sugere que as condições de sedimentação estavam associadas a um paleoambiente de xisto marinho, depositado sob condições de baixa oxigenação dadas por valores de P/F em torno de 2. Um estudo realizado em óleos crus extraídos do reservatório Del Mosquito pertencente à Fm Springhill da Bacia Austral obteve resultados semelhantes que estão associados a condições deposicionais marinhas e subóxicas (Tomas et al. 2020). Além disso, Pittion e Goudaian (1992) propuseram um modelo sedimentar no qual os xistos marinhos da Fm Palermo Aike (rocha geradora) foram depositados numa camada de água com baixo teor de oxigénio. Neste ambiente de baixo oxigénio, a matéria orgânica foi preservada e permitiu que esta sequência sedimentar desenvolvesse o potencial inicial para gerar petróleo. Finalmente, Rodriguez et al. (2008) também propuseram que a deposição da Fm Palermo Aike ocorreu em condições disaeróbicas a anaeróbicas.

## 4.2 Estabilidade ambiental do petróleo bruto AS.

### 4.2.1 Cromatogramas

Observou-se uma perda progressiva de n-alcanos leves e uma elevação contínua da linha de base durante o primeiro mês nas amostras brutas que permaneceram nos reactores com água do mar (Figuras 21A-E). Este facto pode ser explicado por um efeito sinérgico entre a volatização dos n-alcanos leves e uma biodegradação incipiente dos mesmos. Amostras de um petróleo bruto submetido a intemperismo por um período de 30 dias em laboratório (Olson et al. 2017) utilizando água do mar artificial (esterilizada) com adição de nutrientes e sem/com a presença de um dispersante químico sofreram evaporação dos seus n-alcanos leves ($n$-$C_{10}$ a $n$-$C_{13}$). No entanto, o mesmo petróleo bruto nas mesmas condições, mas exposto à água do mar, apresentou $n$-$C_{17}$ como o primeiro composto no seu perfil de n-alcanos, sugerindo a biodegradação como o processo dominante (Olson et al. 2017). Comparando esses resultados com os obtidos para hidrocarbonetos em sistemas litosféricos, algumas diferenças podem ser descritas (Figuras 22A-E). Em primeiro lugar, os n-alcanos de baixo peso molecular foram retidos por mais tempo nos sistemas estudados, provavelmente adsorvidos à matriz do solo que se opõe à sua evaporação (Peters et al. 2005). Em segundo lugar, o aparecimento e a evolução da elevação da linha de base foram mais acentuados devido ao facto de a comunidade microbiana alterar os hidrocarbonetos presentes (Sutton et al. 2005; Ali et al. 2020).

Após dois meses (T5), os n-alcanos até ao tridecano ($n$-$C_{13}$) tinham diminuído completamente em abundância nas amostras de petróleo bruto sobre a água do mar (Figura 21F), mas não nos hidrocarbonetos extraídos do solo. Para este último, a biodegradação e a evaporação (Figura 22F) foram consideradas responsáveis pela diminuição total dos n-alcanos leves undecano ($n$-$C_{11}$) e dodecano ($n$-$C_{12}$), e do tridecano ($n$-$C_{13}$) apenas após quatro meses (T6). Além disso, a formação de um MCNR ocorreu como resultado do aumento gradual e progressivo da linha de base. A sua presença é uma evidência típica de biodegradação (Figura 22G) e é constituída por compostos orgânicos que não podem ser identificados nas condições analíticas utilizadas para a separação dos n-alcanos através das TIC (Lopez e Infante 2021). Ou seja, é constituído por compostos biorresistentes como saturados cíclicos, aromáticos, naftoaromáticos e compostos polares que não podem ser separados por técnica cromatográfica (Sutton et al. 2005; Lundberg 2019). Esses comportamentos foram refletidos em resultados quantitativos de simulações laboratoriais controladas de hidrocarbonetos intemperizados. Nessas simulações, ocorreram diminuições relativas de moléculas alifáticas de menor peso molecular ($n$-$C_{11}$ a $n$-$C_{15}$), mas não foram observadas diminuições significativas após 15 semanas para n-alcanos >

n-C15 (Agüero-Manzano 2019).

Durante T6, T7 e T8 (quatro, seis e nove meses, respetivamente), o petróleo bruto na água do mar evidenciou uma perda de moléculas n-C14, n-C15 e n-C16, e a elevação da linha de base tornou-se ainda mais pronunciada (Figuras 21G-I). No entanto, as amostras extraídas do solo entre T7 e T8 apenas mostraram a diminuição do tetradecano (n-C14), mas um aumento notável de MCNR (Figuras 22H-I). Os n-alcanos de menor peso molecular são os primeiros a desaparecer quando os hidrocarbonetos são libertados para o ambiente. Este facto deve-se à tensão de vapor que apresentam e a uma metabolização rápida dos microrganismos quando obtêm energia a partir destas moléculas (López e Infante 2021). Finalmente, com um ano de experiência (T9), visualizou-se no TIC uma diminuição do n-C17 e do P (Figura 21J), o que levou a uma diminuição acentuada da relação P/F (Tabela 19). Estes resultados sugerem que a evaporação e a biodegradação coexistiram como fenómenos de alteração nas amostras de petróleo bruto testadas em água do mar. No entanto, na MCNR, observam-se sinais de elevada intensidade para os n-alcanos entre n-C17 e n-C30, e para os isoprenóides acíclicos P e F, o que indica, em princípio, que estes compostos não foram biodegradados (López e Infante 2021). No caso das amostras contidas nos reactores com solo, 12 meses após a experiência, observou-se uma diminuição das abundâncias de heptadecano (n-C17) e octadecano (n-C18) em relação aos isoprenóides acíclicos pristano (P) e fitano (F), respetivamente (Figura 22J). Este comportamento é caraterístico de um processo mediado por microrganismos que resulta na degradação de alcanos lineares que são mais fáceis de metabolizar do que P e F, que têm uma estrutura ramificada (Peters et al. 2005; Lobao et al. 2022). Por outro lado, é importante acrescentar que, acima da MCNR, foram observados sinais de alta intensidade para n-alcanos entre pentadecano (n-C15) e tridecano (n-C30), sugerindo, em primeira instância, que essas moléculas não foram biodegradadas (Stout e Wang 2016). Estes resultados podem ser comparados com os obtidos noutros estudos. Por exemplo, um estudo avaliou a presença e a distribuição de n-alcanos e biomarcadores alifáticos em amostras de solo recolhidas em Owaza, Delta do Níger (Nigéria), durante um período de um ano, e concluiu que a fração alifática era dominada por n-alcanos de n-C19 a n-C31 (Faboya et al. 2016). Outra investigação realizada em solo amazónico ligado a derrames de petróleo de instalações nessa região mostrou um estado altamente intemperizado dos óleos brutos. A distribuição dos n-alcanos foi caracterizada pela ausência dos seus componentes leves e pela predominância de compostos de elevado peso molecular vários anos após o incidente (Rosell-Melé et al. 2018).

**4.2.2 Fragmentogramas**

Isto não afectou o padrão de distribuição apresentado pelos terpanos (Figura 23A-J), onde foram detectados terpanos tricíclicos (c23 e c26), pentacíclicos (hopanos c29 e c30) e hopanos estendidos (homohopanos c31, c32 e c33). Nomeadamente, não foi observada qualquer diminuição do sinal ligado aos homohopanos (c31 a c33) ou das concentrações relativas dos outros isoprenóides cíclicos (Figura 23B-J). Em campos petrolíferos, a biodegradação destes biomarcadores ocorre pela perda de um grupo metilo, dando origem a 25-noropanos ou hopanos desmetilados (López e Infante 2021), que podem ser identificados através do fragmentograma de massa m/z = 177. Para as amostras deste estudo, estes compostos não foram observados, o que reforça os resultados obtidos para os homohopanos (dados não mostrados). Por outro lado, nos fragmentogramas de massa para o ião m/z = 217, observou-se uma diminuição das abundâncias relativas dos esteranos (c27, c28 e c29) e dos diasteranos c27 em função do pregnano c21 e do homopregnano c22, porém a intensidade relativa do padrão de distribuição dos esteranos regulares (c27, c28, c29) não se alterou durante o experimento (Figura

24A-J). Os esteranos não apresentaram uma ordem específica de alteração após 365 dias de intemperismo, no entanto, a intensidade dos sinais entre $c_{21}$ e $c_{22}$ em relação a $c_{27}$, $c_{28}$ e $c_{29}$ sugere uma possível alteração por biodegradação (López e Infante 2021).

Testes laboratoriais de intemperismo em petróleos brutos mostraram que tanto os terpanos como os esteranos não foram afectados por fenómenos de evaporação, uma vez que se concentraram proporcionalmente em relação às percentagens crescentes de petróleos brutos degradados (Wang e Fingas 2003). Estes resultados mostram uma estabilidade relativa destes isoprenóides cíclicos nestas condições de ensaio. Além disso, a recalcitrância dos terpanos e dos esteranos à intempérie foi documentada em numerosas investigações. Por exemplo, um estudo de biodegradação efectuado em laboratório mostrou que não havia sinais de alteração na composição dos terpanos e esteranos. Os resultados foram independentes do tipo de petróleo bruto (leve, médio ou pesado), dos tempos de incubação (7, 14 e 28 dias), das condições de incubação (4, 10, 15 e 22 °C) e da presença ou ausência de nutrientes (Swannel et al. 1996; Wang et al. 1998; Yang et al. 2023). Outros estudos associados a derrames de crude ligeiro em água do mar enriquecida com nutrientes revelaram a acentuada estabilidade do hopano $_{H30}$. Esta recalcitrância foi exibida contra a biodegradação por períodos de seis meses a uma temperatura média de 15 °C no laboratório (Prince et al. 1994; John et al. 2018) e 14 semanas em parcelas construídas na praia (Venosa et al. 1997, Zhang et al. 2015). Além disso, não foi observada fotooxidação neste biomarcador quando as amostras foram irradiadas com lâmpadas UV durante 48 horas a uma distância de 15 cm em laboratório (Garrett et al. 1998; Yang et al. 2016). A sua degradação biológica e a de outros biomarcadores foi conseguida em condições laboratoriais agressivas utilizando culturas de enriquecimento aeróbico (Douglas et al. 2012; John et al. 2018).

Por outro lado, um estudo realizado por Rosell-Melé et al. (2018) no norte da Amazónia peruana permitiu determinar o responsável pela poluição por petróleo. Isto deveu-se ao facto de as amostras de solo analisadas manterem perfis constantes de terpano e esterano vários anos após o derrame de petróleo, na sequência da rutura de um oleoduto. Outra contingência desta natureza ocorreu nos sistemas litosféricos nigerianos e foi estudada 12 meses após o derrame de petróleo. Neste caso, tornou-se evidente que o crude responsável pela contaminação provinha de um campo localizado no Delta do Níger devido à integridade que as distribuições destes biomarcadores mantinham (Faboya et al. 2016). A capacidade dos terpanos e esteranos para indicar a fonte responsável pelo petróleo derramado a céu aberto deve-se à sua natureza refractária e elevada resistência à biodegradação (Garcia et al. 2019). Além disso, o estudo de um derrame no Golfo do México após um ano e meio mostrou um enriquecimento relativo destas moléculas em relação aos alcanos (Aeppli et al. 2012). Por último, a degradação biológica destes biomarcadores foi conseguida em condições laboratoriais agressivas, utilizando culturas de enriquecimento aeróbico (John et al. 2018). A alteração destes compostos também foi observada em vários estudos de campo que envolveram períodos de tempo superiores a cinco anos (Lobao et al. 2022). Por exemplo, oito anos após uma experiência em que foi derramado petróleo num mangal em Guadalupe (Pequenas Antilhas), os esteranos e hopanos totais foram reduzidos em mais de 25 % (Reyes et al. 2014). Observações semelhantes foram feitas 20 anos mais tarde num derrame de petróleo na Antárctida (Rodriguez et al. 2018).

### 4.2.3 RDs de alcanos e isoprenóides

Os RDs apresentados nas Tabelas 17 e 18 para as amostras de petróleo bruto extraídas da água do mar e do solo, respetivamente, apresentaram valores de RSDs inferiores a 5 % na maioria dos casos. Por conseguinte, considera-se que estes rácios não são afectados pelas condições de ensaio, tal como publicado por Zhang et al. (2015). A partir das áreas, os rácios P/n-C17 e F/n-C18 foram calculados para serem utilizados como índices de biodegradação, uma vez que comparam compostos com diferentes graus de resistência. Neste sentido, o pristano e o fitano são mais resistentes à biodegradação em relação ao n-C17 e ao n-C18 (López e Infante 2021). Estes rácios P/n-C17 e F/n-C18 não excederam 3 % do RSD para hidrocarbonetos na água do mar. Isto indica que não ocorreu uma depleção preferencial de moléculas facilmente degradáveis (n-C17 e n-C18) em relação aos isoprenóides acíclicos P e F, o que também foi observado noutros estudos, como os apresentados por Yim et al. (2011) e Zhang et al. (2015). Por outro lado, se considerarmos a evaporação como o fenómeno de intemperismo predominante durante o ensaio, explica-se melhor que os valores de P/n-C17 e F/n-C18 tenham permanecido relativamente constantes. Isto deve-se ao facto de os compostos n-C17, n-C18, P e F terem pressões de vapor semelhantes e passarem para o estado gasoso com a mesma tendência (Turner et al. 2014; Orea et al. 2021). No entanto, para os sistemas litosféricos, ambos os rácios (P/n-C17 e F/n-C18) excederam 5 % dos seus RSD, indicando que as amostras de petróleo bruto no solo foram biodegradadas. Este comportamento também foi observado em numerosos estudos, como os apresentados por Aeppli et al. (2012), Faboya et al. (2016) e Rosell-Melé et al. (2018). Por outro lado, o rácio (n-C13 + n-C14) / (n-C25 + n-C26) associado ao processo de evaporação apresentou um valor de RSD próximo de 60 % (Tabela 18). Em pormenor, observou-se uma diminuição progressiva do valor de RD com o decorrer do tempo de ensaio. Esta situação pode ser explicada por uma maior taxa de evaporação dos alcanos n-C13 e n-C14 em relação aos seus pares n-C25 e n-C26. É importante acrescentar que esta situação também se reflectiu no óleo testado nos reactores de água do mar (Quadro 17), mas, além disso, a relação P/F foi superior ao limite permitido. Esta situação pode ser interpretada a partir das massas moleculares mais baixas de F, n-C13 e n-C14, e, por conseguinte, das suas taxas de evaporação mais elevadas em relação a P, n-C25 e n-C26, respetivamente, o que gerou uma diminuição dos seus RD, afectando, por sua vez, os valores dos RSD.

Os RD determinados para os terpanos e esteranos (quadros 17 e 18) foram inferiores a 5 % do RSD em todos os casos, o que sugere que não foram afectados pela evaporação e pela biodegradação incipiente que ocorreram durante o ano de ensaio. Relativamente ao primeiro caso, quando ocorre a evaporação de um petróleo bruto, os compostos de elevada massa molecular, como estes biomarcadores, tendem a aumentar a sua concentração relativa no petróleo bruto residual sem alterar os seus DR (Wang et al. 2006; López e Infante 2021). Por outro lado, a biodegradação não demorou tempo suficiente nas condições de ensaio para afetar de forma pronunciada as abundâncias relativas de terpanos e esteranos na água do mar e no solo. A elevada estabilidade destes isoprenóides cíclicos foi documentada em investigações associadas a contaminações ambientais com petróleo bruto ou simuladas em laboratório durante intervalos de tempo curtos (dias) ou períodos muito longos (vários anos). Por exemplo, um estudo publicado por Zhang et al. (2015) que avaliou os 12 RDs de terpanos e esteranos apresentados (Tabelas 17 e 18) mostrou que os rácios não excederam 5 % do RSD após três meses de monitorização. Por outro lado, a responsabilidade pela contaminação dos solos pelo petróleo no Delta do Níger pode ser atribuída através da determinação de parâmetros como Ts/Tm que não se alteraram um ano após os derrames (Faboya et al. 2016). Além disso, não foi observada qualquer alteração no rácio Ts/Tm 24 anos após um derrame no Estreito de Magalhães e, 25 anos após o acidente de Nipisi, os rácios H29/H30 e Ts/Tm continuavam estáveis (Song et al. 2016). Por último, a extensão da contaminação ambiental provocada pelo derrame de petróleo da Deepwater Horizon no Golfo do México pôde ser determinada a partir de amostras residuais. Após 10 anos, os mesmos terpanos e esteranos que foram inicialmente encontrados na altura do acidente ainda estavam presentes nestas amostras (Arekhi et al. 2021).

### 4.2.4 RDs e histogramas de PAHs

Os HAP têm sido utilizados para compreender a origem e o destino ambiental do petróleo bruto e dos seus derivados, uma vez que são moléculas relativamente estáveis. Por exemplo, numerosas investigações relacionadas com o derrame de petróleo do Exxon Valdez descobriram que algumas proporções de PAH permanecem constantes nas fases iniciais e intermédias da meteorização (Douglas et al. 1996). Um dos RDs derivados para PAHs é (N0 + $N_1$) / N2, que relaciona as concentrações entre naftaleno e os seus derivados metílicos, e neste trabalho sugere que um processo de evaporação afectou as amostras de petróleo bruto intemperizado. No caso do ensaio com água do mar, desde T0 até dois meses depois (T5), o valor diminuiu para zero (Tabela 17). No caso da experiência no solo, observou-se uma diminuição ligeira e constante deste rácio ao longo do ano, resultando num RSD próximo de 40 % (Quadro 18). Portanto, isto indica em ambos os casos que o naftaleno e os metilnaftalenos evaporaram a uma taxa mais elevada do que os dimetilnaftalenos e este comportamento está associado ao seu menor peso molecular (Zhang et al. 2015). É de notar que os restantes rácios associados aos PAH não sofreram alterações substanciais, ou seja, mantiveram-se abaixo de 5 % do seu RSD. Por exemplo, o rácio 2-MP/1-MP (metilfenantreno) tem a capacidade de indicar se os processos foto-oxidativos afectaram os HAP (Olson et al. 2017). O RSD deste rácio não ultrapassou os 5 % e, considerando que os reactores de ensaio foram colocados ao longo da experiência fora da incidência direta da luz, sugere-se que a luz não promoveu alterações na composição das amostras de petróleo bruto sujeitas a intemperismo na água do mar e no solo.

Na mesma linha, foram utilizados outros RDs provenientes de PAHs, tanto o 4-MeDBT como o 2 + 3-MeDBT (metildibenzotiofenos) são menos resistentes à degradação biológica do que o 1-MeDBT e são utilizados para indicar os efeitos da biodegradação (Wang e Fingas 2003; Kao et al. 2015). Os RSDs de 4-MeDBT/1- MeDBT e 2 + 3-MeDBT/1-MeDBT foram inferiores a 4 %, sugerindo que essas proporções ainda não foram afetadas por um processo de biodegradação, considerando o tempo e as condições de teste em ambos os sistemas (Tabelas 17 e 18). Além disso, é importante mencionar que a comunidade microbiana do solo não foi estimulada pelo uso de nutrientes. Uma investigação que utilizou microrganismos heterotróficos num microambiente laboratorial controlado para estudar a biorremediação em solos contaminados com petróleo bruto mostrou o mesmo número de bactérias 55 dias após o início do ensaio (Mariano et al. 2007). Este facto pode estar associado a um abrandamento da biodegradação ligado a uma alteração da função microbiana, em vez de uma redução da população bacteriana (Greenwood et al. 2008; López e Infante 2021). No entanto, há um historial de estudos que revelaram alterações significativas nos DR dos HAP. Por exemplo, as amostras recolhidas ao longo de oito meses após o derrame do Hebei Spirit na Coreia do Sul revelaram uma diminuição progressiva tanto do 4-MeDBT/1-MeDBT como do 2 + 3-MeDBT/1-MeDBT devido a processos de degradação mediados por micróbios (Yim et al. 2011). [3]A este respeito, numa simulação de intemperismo natural do petróleo bruto efectuada na China por Zhang et al. (2015), em que foi escavado um tanque de 8 m a uma distância de 50 m do mar, foi bombeada água do mar e, em seguida, foram vertidos cerca de 50 L de petróleo bruto (temperatura média = 15 °C). Após 95 dias do início do ensaio, os rácios 4-

MeDBT/1-MeDBT e 2-MP/1-MP excederam 5 % dos seus RSD, indicando que tanto a biodegradação como a fotólise estavam a atuar sobre os componentes do petróleo bruto. Finalmente, num conjunto de descargas crónicas na água do mar no nordeste do Brasil, observou-se que os RSD descritos neste parágrafo não cumpriam as normas estabelecidas pelo CEN (2012). Estas contaminações, com mais de um ano de idade, estavam expostas a um clima quente com luz solar constante que favorecia a degradação biológica e a decomposição fotolítica dos HAP (Lobao et al. 2022).

As percentagens relativas de PAH apresentaram um comportamento muito diferente entre as amostras de petróleo bruto expostas na água do mar e no solo ao longo do ensaio, devido à natureza intrínseca de ambos os sistemas (Figuras 25 e 26). Inicialmente (T0), foi observada a presença de naftaleno (N0) e dos seus derivados metílicos, fenantreno (P0) e metilfenantrenos (P1), dibenzotiofeno (D0) e metildibenzotiofenos (D1). Os principais compostos foram os dimetilnaftalenos (N2) no sistema aquoso (Figura 25A) e os trimetilnaftalenos (N3) no sistema litosférico (Figura 26A), com abundâncias relativas inferiores a 30 % em ambos os casos. Para as amostras de petróleo bruto em água do mar, entre T1 e T4 (Figuras 25B-E) houve uma perda total de naftaleno e uma diminuição de metilnaftalenos (N1), além de dimetilnaftalenos (N2) e dimetilnaftalenos (N3) no sistema litosférico (Figura 26A) com abundâncias relativas inferiores a 30 %.

(N2) foram excedidos em proporção pelos trimetilnaftalenos (N3). Por outro lado, no caso dos óleos brutos extraídos do solo, verificou-se uma depleção sustentada de naftaleno e dos seus derivados metílicos que podem evaporar-se da superfície do solo ou ser oxidados pela ação de microrganismos (An et al. 2005; López e Infante 2021). Esta depleção decrescente com a substituição de grupos alquilo foi associada a um processo de evaporação que foi observado noutros estudos realizados em laboratório (Brakstad et al. 2014, Olson et al. 2017). Também em acidentes como o da plataforma petrolífera Deepwater Horizon, em que se concluiu que a evaporação de alcanos leves e PAHs de baixo peso molecular era o principal processo de depleção de petróleo à superfície (Brown et al. 2011).

Entre dois e quatro meses (T5 e T6), os histogramas (Figuras 25F-G) mostraram primeiro uma diminuição dos metilnaftalenos e depois dos dimetilnaftalenos. Uma diminuição acentuada dos trimetilnaftalenos e um aumento significativo dos tetrametilnaftalenos (N4), do fenantreno e, principalmente, dos metilfenantrenos, tornaram-se os HAP dominantes com percentagens relativas superiores a 40%. É interessante notar que, noutra investigação, foi determinado que os PAH de baixa massa molecular diminuíram significativamente em amostras de petróleo bruto expostas à água do mar ao longo de 60 e 90 dias. Yang et al. (2016) atribuíram este comportamento à volatilização de naftalenos, mas não ao resto dos PAHs. No caso das amostras contidas em reactores com solo, observou-se uma redução dos valores de naftaleno e seus derivados metilados e, além disso, um aumento de fenantreno e metilfenantrenos (Figuras 26F-G). A adsorção de PAHs no solo retarda a sua volatilização, um efeito que aumenta quando há abundância de matéria orgânica na matriz sedimentar. O solo patagónico utilizado nesta experiência caracteriza-se por um baixo teor de matéria orgânica, o que lhe confere uma baixa capacidade de sorção de poluentes orgânicos (Toledo et al. 2022). Além disso, a hidrofobicidade do naftaleno, do fenantreno e dos seus metilcompostos determina que a sua capacidade de adsorção nas partículas do solo seja lenta, pelo que as suas massas moleculares são o principal aspeto que condiciona o seu comportamento face à evaporação (An et al. 2005). Com base no exposto, os resultados exibem um comportamento esperado, uma vez que os PAH mais pesados permanecem mais tempo no solo devido a uma estrutura molecular mais estável e hidrofóbica (Abdulazeez e Fantke 2017).

Após T7 e T8 (seis e nove meses), os histogramas mostraram uma diminuição dos tri- e tetrametilnaftalenos. Além disso, verificou-se uma estabilidade acentuada do fenantreno e do metilfenantreno (P1) como os mais abundantes, com percentagens de cerca de 60% para este último grupo nos sistemas de petróleo bruto e água do mar (Figuras 25H-I). Por outro lado, a experiência no solo mostrou algumas diferenças, uma vez que o naftaleno e as suas metilmoléculas ainda permaneceram no sistema, mas diminuíram em função do tempo. Além disso, verificou-se um aumento constante de fenantreno e metilfenantrenos (P1) com percentagens próximas de 20 e 50 %, respetivamente (Figuras 26H-I). Em muitos casos, as proporções relativas de naftalenos em relação a outras séries de PAH diminuem acentuadamente devido à sua acentuada volatilidade (Kao et al. 2015). Finalmente, após um ano (T9), os tri- e tetrametilnaftalenos diminuíram consideravelmente nas amostras de água do mar, o fenantreno permaneceu quase inalterado e os metilfenantrenos continuaram a sua tendência com valores superiores a 60 %. Em particular, o dibenzotiofeno (D0) manteve-se quase inalterado ao longo dos 12 meses com concentrações relativas mínimas e os metildibenzotiofenos (D1) registaram um ligeiro aumento no mesmo período (Figura 25J). Relativamente aos hidrocarbonetos disseminados no solo, tanto o naftaleno como os seus derivados metilados apresentaram valores muito baixos em relação às amostras iniciais de crude (T0). Por outro lado, o fenantreno e os metilfenantrenos continuaram a aumentar as suas abundâncias relativas (Figura 26J). É interessante acrescentar que, na Figura 26, foi observado um padrão em forma de escada do naftaleno para os metilfenantrenos. Este comportamento foi relatado num estudo sobre derrames de petróleo bruto na Antártida, em que se atribuiu à volatilização o principal mecanismo de remoção de hidrocarbonetos nas áreas afetadas (Aislabie et al. 1999; Rodriguez et al. 2018). No que respeita aos PAH de enxofre, pode referir-se que o dibenzotiofeno (D0) permaneceu praticamente inalterado ao longo do tempo de estudo, com uma baixa abundância relativa, e que os metildibenzotiofenos (D1) sofreram uma diminuição gradual ao longo do mesmo período de tempo, de 3 para 2 %.

As principais conclusões baseadas nos resultados obtidos ao longo desta tese são apresentadas de seguida:

• A partir do dendograma, pode-se dizer que todas as amostras brutas foram separadas por níveis do maior para o menor grau de parentesco, de acordo com os seguintes critérios: reservatório de petróleo < profundidade da punção < formação geológica < paleobiodegradação.

• A distribuição dos biomarcadores tetracíclicos no fragmentograma do ião 217 revelou diferenças entre as amostras estudadas. Ao nível da formação, os crudes Springhill caracterizam-se por uma preponderância de pregnanos e pela presença de diasteranos e esteranos. Os hidrocarbonetos associados do Baixo Magalhães apresentaram uma concentração muito baixa destas moléculas.

• Os resultados obtidos a partir da caraterização do padrão de biomarcadores e das suas relações de diagnóstico nas amostras estudadas sugerem que todos os petróleos brutos estudados foram gerados a partir de um querogénio de tipo misto. Este foi caracterizado por matéria orgânica marinha e por um input secundário proveniente do continente, depositado em condições de baixa oxigenação. As formações de Palermo Aike e Margas Verdes, definidas como as rochas de origem dos petróleos brutos presentes em Springhill e em Magallanes Inferior, respetivamente, caracterizam-se por uma natureza marinha siliciclástica. O crude AN foi o único que apresentou alterações associadas a um processo de paleobiodegradação.

• Durante o ensaio de intemperismo à escala laboratorial de amostras de crude na água do mar e no solo, dois processos coexistiram e alteraram a composição dos hidrocarbonetos. No primeiro caso, a evaporação promoveu a diminuição dos n-alcanos leves, as alterações observadas nos RDs dos compostos analisados e a distribuição dos PAHs nos histogramas ao longo da simulação. O outro processo que gerou alterações foi a biodegradação associada a um aumento de base nas TICs que levou à formação de MCNRs. No entanto, a maioria dos biomarcadores manteve-se inalterada nas condições de ensaio ao longo do tempo de estudo.

• Se considerarmos que estas condições no momento do estudo podem ser extrapoladas para situações reais envolvendo derrames de petróleo na água do mar ou no solo. Então, a utilização potencial destes biomarcadores é adequada para resolver os problemas acima referidos, uma vez que constituem uma assinatura química única e fiável, conhecida como uma impressão digital que identifica cada petróleo bruto.

# 6. BIBLIOGRAFIA


1. Abdulazeez, T., Fantke, P. (2017). Hidrocarbonetos aromáticos policíclicos. A review. Ciência Ambiental Cogente, 3(1).

2. Adedosu, T., Sonibare, O., Tuo, J., Ekundayo, O. (2012). Biomarcadores, composição isotópica do carbono e potenciais de rocha-mãe dos carvões Awgu, canal médio de Benue, Nigéria. Jornal de Ciências da Terra Africanas, 66 - 67, 13 - 21.

3. Aeppli, C., Carmichael, C., Nelson, R., Lemkau, K., Graham, W., Redmond, M., Valentine, D., Reddy, C. (2012). O intemperismo do petróleo após o desastre da Deepwater Horizon levou à formação de resíduos oxigenados. Environmental Science & Technology, 46(16), 8799 - 8807.

4. Agüero-Manzano, Y. (2019). Razões isotópicas de compostos específicos de hidrocarbonetos (CSIA) aplicadas em forense ambiental associada a derramamentos de óleo marinho. Dissertação de mestrado. Área de Engenharia, Universidad Católica Andrés Bello. Caracas, Venezuela, 158 p.

5. Aislabie, J., Balks, M., Astori, N., Stevenson, G., Symons, R. (1999). Hidrocarbonetos policíclicos aromáticos em solos contaminados com fuelóleo. Antarctica, 39(13), 0 - 2207.

6. Alberdi, M., Moldowan, J., Peters, K., Dahl J.E. (2001). Biodegradação estereosselectiva de terpanos tricíclicos em óleos pesados dos Campos Costeiros de Bolívar, Venezuela. Geoquímica Orgânica, 32, 181 - 191.

7. Ali, N., Dashti, N., Khanafer, M., Al-Awadhi, H., Radan, S. (2020). Biorremediação de solos saturados com petróleo bruto derramado. Relatório Científico, 10, 1116.

8. An, T., Chen, H., Zhan, H., Zhu, Z., Berndtsson, R. (2005). Cinética de sorção de naftaleno e fenantreno em solos de loess. Environmental Geochemistry, 47(4), 467 - 474.

9. API - American Petroleum Iinstitute (2016). Guia Operacional de Deteção e Recuperação de Petróleo Afundado. Relatório Técnico 1154 - 1 (126 p).

10. Aramendia, I., Ramos, M., Geuna, S., Cuitino, J., Ghiglione, M. (2018). Um estudo multidisciplinar da transição marinha para continental do Cretáceo Inferior na bacia norte de Austral-Magallanes e seu significado geodinâmico. Revista de Ciências da Terra da América do Sul, 86, 54 - 69.

11. Arekhi, M., Terry, L., John, G., Prabhakar Clement, T. (2021). Destino ambiental de biomarcadores de petróleo em resíduos de derramamento de óleo da Deepwater Horizon nos últimos 10 anos. Ciência do Ambiente Total, 148056.

12. Barberón, V., Ronda, G., Leal, P., Sue, C., Ghiglione, M. (2015). Proveniência do Cretáceo Inferior na bacia Austral do norte da Patagônia a partir da petrografia sedimentar. Journal of South American Earth Sciences, 64(2), 498 - 510.

13. Belotti, H., Rodriguez, J., Conforto, G. (2014). A Formação Palermo Aike como reservatório não convencional na Bacia Austral, Província de Santa Cruz, Argentina. IX Congreso de Exploração e Desenvolvimento de Hidrocarbonetos, Mendoza - Argentina.

14. Bost, F., Frontera-Suau, R., McDonald, J., Peters, K., Morris, P. (2001). Biodegradação aeróbica de hopanos e norhopanos no petróleo bruto venezuelano. Organic Geochemistry 37, 105 - 114.

15. Brakstad, O., Daling, P., Faksness, L., Almas, I., Vang, S., Syslak, L., Leirvik, F. (2014). Depleção e biodegradação de hidrocarbonetos em dispersões e emulsões do óleo Macondo 252 geradas numa bacia de flume de mesocosmos de óleo na água do mar. Marine Pollution Bulletin, 84(1 - 2), 125 - 134.

16. Brown, J., Beckmann, D., Bruce, L., Cook, L., Mudge, S. (2011). Os rácios de depleção de PAH documentam a rápida meteorização e atenuação de PAHs em amostras de petróleo recolhidas após a Deepwater Horizon. In: Actas da Conferência Internacional sobre Derrames de Petróleo de 2011. Portland, Oregon.

17. Cai, M., Yao, J., Yang, H., Wang, R., Masakorala, K. (2013). Processo de Biodegradação Aeróbica do Petróleo e Caminho dos Principais Compostos no Poço de Inundação de Água do Campo Petrolífero de Dagang. Bioresource Technology, 144, 100 - 106.

18. Cagnolatti, M., Curia, D. (1990). Seqüências transgressivas do Springhill F. no sudeste da Província Santa Cruz, Bacia do Sul, Argentina. III Reunião Argentina de Sedimentologia, San Juan, Argentina, Resumos: 72 - 80.

19. Cagnolatti, M., Martins, R., Villar, H. (1996). La Formación Lemaire como probable generadora de hidrocarburos en el área Angostura, Provincia de Tierra del Fuego, Argentina, in Décimo Tercer Congreso Geológico Argentino y Tercer Congreso de Exploración de Hidrocarburos: Mar del Plata, Buenos Aires, Argentina, Instituto Argentino del Petróleo y del Gas, 123 - 139.

20. Cagnolatti, M., Miller, M. (2002). Reservatórios da Formação Magallanes, em Schiuma, M., Hinterwimmer, G., Vergani, G. eds., Reservoir Rocks of the Productive Basins of Argentina. Simpósio do V Congresso de Exploração e Desenvolvimento de Hidrocarbonetos, 91 - 114.

21. Calderón, M., Hervé, F., Fuentes, F., Fosdick, J., Sepúlveda,F., e Galaz, G. (2016). Evolução tectônica dos complexos metamórficos andinos paleozóicos e mesozóicos e dos ofiolitos Rocas Verdes no sul da Patagônia. In: Ghiglione, M.C. (Ed.), Geodynamic Evolution of the Southernmost Andes. Springer, Cham, 7 - 36.

22. CEN - CENTRO DE NORMAS EUROPEIAS (2012). Identificação de derrames de petróleo. Petróleo e produtos petrolíferos transportados pela água. Metodologia analítica e interpretação dos resultados com base em análises de baixa resolução GC-FID e GC-MS. Relatório Técnico CEN 15522-2. Bruxelas, Bélgica.

23. Chen, Z., Wang, T., Li, M., Yang, F., Cheng, B. (2018). Geoquímica de biomarcadores de óleos crus e rochas-fonte do Paleozoico Inferior na Bacia de Tarim, oeste da China: um estudo de correlação de rochas-fonte de petróleo. Geologia Marinha e do Petróleo, 96, 94 - 112.

24. Choi, B., Lee, S., Jho, E. (2020). Remoção de TPH, UCM, PAHs e Alk-PAHs em solo contaminado com óleo por dessorção térmica. Química Biológica Aplicada, 63(1), 1 - 6.

25. Cortes, J., Rincon, J., Jaramillo, J., Philp, R., Allen, J. (2010). Biomarcadores e isótopo de carbono estável específico de compostos de n-alcanos em óleos crus da Bacia de Llanos Oriental, Colômbia. Jornal de Ciências da Terra da América do Sul, 29, 198 - 213.

26. Costa de Sousa, A., da Sousa, E., Rodrigues de Sousa, G., Carbonezi, C., Durante, A., Silva, B., de Lima. S. (2022). Um método alternativo para a separação e análise de biomarcadores ácidos de amostras de petróleo bruto. Journal of South American Earth Sciences, 120, 104054.

27. Cuitiño, J., Varela, A., Ghiglione, M., Richiano, S., Poiré, D. (2019). A Bacia Austral-Magallanes (sul da Patagônia): uma síntese de sua estratigrafia e evolução. Revista Latino-americana de Sedimentologia e Análise de Bacias, 26(2), 155 - 166.

28. Cunningham, W., Mann, P. (2007). Tectónica de curvas de contenção e libertação de deslizamento de ataque. Sociedade Geológica, Londres, Publicações Especiais, 290(1), 1 - 12.

29. Diraison, M., Cobbold, P., Gapais, D., Rossello, E., Le Corre, C. (2000). Cenozoic crustal thickening, wrenching and rifting in the foothills of the southernmost Andes. Tectonofísica, 316: 91 - 119.

30. Didyk, B., Simoneit, B., Brassell, S., Eglinton, G. (1978). Indicadores geoquímicos orgânicos das condições paleoambientais da sedimentação. Nature, 272, 216 - 222.

31. Douglas, G., Bence, A., Prince, E., Roger, C., Mc Millen, S., Butler, E. (1996). Environmental Stability of Selected Petroleum Hydrocarbon Source and Weathering Ratios (Estabilidade Ambiental de Fontes de Hidrocarbonetos Petrolíferos Seleccionados e Rácios de Intemperismo). Environmental Science & Technology, 30(7), 2332 - 2339.

32. Douglas, G., Hardenstine, J., Liu, B., Uhler, A. (2012). Verificação laboratorial e de campo de um método para estimar a extensão da biodegradação do petróleo no solo. Ciência e Tecnologia Ambiental, 46(15), 8279 - 8287.

33. Dow, W. (1977). Estudos de querogénio e interpretações geológicas. Journal of Geochemical Exploration, 7, 79 - 99.

34. Dowey, P., Osborne, M., Volk, H. (2020). Sobre este título - Aplicação de Técnicas Analíticas a Sistemas Petrolíferos. Sociedade Geológica, Londres, Publicações Especiais, 484(1).

35. El-Sabagh, S., El-Naggar, A., El Nady, M., Ebiad, M., Rashad, A., Abdullah, E. (2018). Distribuição de biomarcadores de triterpanos e esteranos como indicação de entrada de matéria orgânica e ambientes deposicionais de óleos crus de campos petrolíferos no Golfo de Suez, Egito. Jornal Egípcio de Petróleo, 27, 969 - 977.

36. Escobar, M., Márquez, G., Azuaje, V., Da silva A., Tocco, R. (2012). Uso de biomarcadores, porfirinas e oligoelementos para avaliar a origem, maturidade, biodegradação e migração de óleos Alturitas na Venezuela. Fuel, 97, 186 - 196.

37. Faboya, O., Sojinu, S., Sonibare, O., Falodun, O., Liao, Z. (2016). Distribuição de biomarcadores alifáticos em solos impactados por petróleo bruto: um indicador de poluição ambiental. Forense Ambiental, 17(1), 27 - 35.

38. Fang, R., Littke, R., Zieger, L., Baniasad, A., Li, M., Schwarzbauer, J. (2019). Mudanças na composição e no conteúdo de terpano tricíclico, hopano, esterano e biomarcadores aromáticos ao longo da janela de óleo: um estudo detalhado sobre os parâmetros de maturidade do xisto Posidonia do Toarciano Inferior do Sinclinal de Hils, NW Alemanha. Geoquímica Orgânica, 138.

39. Fernández-Varela, R., Andrade, J., Muniategui, S., Prada, D. (2010). Seleção de um conjunto reduzido de rácios de diagnóstico calculados entre biomarcadores de petróleo e hidrocarbonetos aromáticos policíclicos para caraterizar um conjunto de petróleos brutos. Journal of Chromatography A, 1217, 8279 -8289.

40. Figari, E., Strelkov, E., Cid de la Paz, M., Laffitte, G., Villar, H. (2002). Bacia do Golfo San Jorge: síntese estrutural, estratigráfica e geoquímica. Geologia e Recursos Naturais de Santa Cruz. Relatório do XV Congresso Geológico Argentino (Ed: Haller, M.). El Calafate, AGA, 571 - 601p.

41. Gaines, S., Eglinton, G., Rullkötter, J. (2009). Echoes of life: what fossil molecules reveal about earth history (Ecos da vida: o que as moléculas fósseis revelam sobre a história da Terra). Reino Unido: Oxford University Press.

42. Gallardo, R. (2014). Estratigrafia de sequência sísmica de uma unidade de foreland na Bacia Magallanes-Austral, Bloco Dorado Riquelme, Chile: implicações para reservatórios marinhos profundos. Revista Latino-americana de Sedimentologia e Análise de Bacias, 21(1), 49 - 64.

43. Garcette-Lepecq, A., Derenne, S., Largeau, C., Bouloubassi, I., Saliot, A. (2000). Origem e vias de formação de matéria orgânica tipo querogénio em sedimentos recentes ao largo do Delta do Danúbio (noroeste do Mar Negro). Geoquímica Orgânica, 31, 1663 - 1683.

44. Garcia, M., Cattani, A., da Cunha Lana, P., Figueira, R., Martins, C. (2019). Biomarcadores de petróleo como traçadores de contaminação crônica por óleo de baixo nível de ambientes costeiros: uma abordagem sistemática em um mangue subtropical. Poluição Ambiental, 249, 1060 - 1070.

45. Garrett, R., Pickering, I., Haith, C., Prince, R. (1998). Photooxidation of crude oils (Fotooxidação de óleos brutos). Environmental Science & Technology, 32(23), 3719 - 3723.

46. Giacosa, R., Fracchia, D., Heredia, N. (2012). Estrutura dos Andes do Sul da Patagónia a 49°S. Geologic Ata, 10: 265 - 282.

47. Greenwood, P., Wibrow, S., Suman, J., Tibbett, M. (2008). Biodegradação sequencial de hidrocarbonetos num solo da costa árida da Austrália tratado com petróleo em condições controladas em laboratório. Geoquímica Orgânica, 39(9), 0 - 1346.

48. Han, Y., Nambi, I., Clement, T. (2018). Impactos ambientais do acidente de derramamento de óleo de Chennai - um estudo de caso. Ciência do Ambiente Total, 626, 795 - 806.

49. Han, Y., John, G., Clement, T. (2019). Compreender os padrões de degradação térmica dos compostos biomarcadores de hopano presentes no petróleo bruto. Ciência do Ambiente Total, 667, 792 - 798.

50. Hardebol, N., Callot, J., Bertotti, G., Faure, J. (2009). Evolução do enterramento e da temperatura em sistemas de cinturões de empuxo: Carregamento sedimentar e de placas de empuxo na Cordilheira do Canadá SE. Tectónica, 28(3).

51. He, D., Simoneit, B., Cloutier, J., Jaffé, R. (2018). Diagênese precoce de triterpenóides derivados de manguezais em um estuário subtropical. Geoquímica Orgânica, 125, 196e211.

52. Hughes, W., Holba, A., Dzou, L. (1995). Os rácios de dibenzotiofeno para fenantreno e de pristano para fitano como indicadores do ambiente deposicional e da litologia das rochas geradoras de petróleo. Geochimica et Cosmochimica Ata, 59, 3581 - 3598.

53. Inglis, G., Naafs, B., Zheng, Y., McClymont, E., Evershed, R., Pancost, R. (2018). Distribuições de geohopanoides em turfa: implicações para o uso de proxies baseados em hopanoides em arquivos naturais. Geochimica et Cosmochimica Ata, 224, 249e261.

54. Jarvie, D., Hill, R., Ruble, T., Pollastro, R. (2007). Sistemas não convencionais de gás de xisto: O xisto Barnett do Mississippian do centro-norte do Texas como um modelo para a avaliação do gás de xisto termogénico. Boletim AAPG, 91(4), 475 - 499.

55. John, G., Han, Y., Clement, T. (2018). Destino dos biomarcadores de hopano durante a queima in-situ de petróleo bruto - um estudo em escala de laboratório. Boletim de Poluição Marinha, 133, 756 - 761.

56. Joo, C., Shim, W., Kim, G., Ha, S., Kim, M., An, J., Kim, E., Kim, B., Jung, S., Kim, Y., Yim, U. (2013). Estudo Mesocosmo sobre as Características de Intemperismo do Petróleo Bruto Pesado Iraniano com e sem Dispersantes. Journal of Hazardous Materials, 248, 37 - 46.

57. Kao, N., Su, M., Chang, C., Yen, C. (2018) Revelando biomarcadores de terpanos menores em lubrificantes e solos usando o método de limpeza personalizado.J Soils Sediments 18, 136 - 147.

58. Kao, N., Su, M., Fan, J., Chung, Y. (2015). Identificação e quantificação de biomarcadores e hidrocarbonetos aromáticos policíclicos (PAHs) em um local contaminado misto envelhecido: da fonte ao solo. Ciência Ambiental e Investigação sobre Poluição, 22(10), 7529 - 7546.

59. Kienhuis, P., Kraus, U., Kooistra, K. (2019). Identificação de óleo. Em Worsfold, P., Townshend, A., Poole, C., Miro, M. (Eds.). Encyclopedia of Analytical Science. Reino Unido: Academic Press.

60. Killops, S., Killops, V. (2005). Introduction to Organic Geochemistry. Reino Unido: Blackwell Publishing.

61. Kim, S., Stanford, L., Rodgers, R., Marshall, A., Walters, C., Kuangnan, Q., Wenger, L., Mankiewicz, P. (2005). Microbial alteration of the acidic and neutral polar NSO compounds revealed by Fourier transform ion cyclotron resonance mass spectrometry. Geoquímica Orgânica, 36, 1117 - 1134.

62. Khan, M., Biswas, B., Smith, E., Naidu, R., Megharaj, M. (2018). Avaliação da toxicidade de hidrocarbonetos de petróleo frescos e intemperizados em solo contaminado - uma revisão. Chemosphere, 212, 755 - 767.

63. Klemt, W., Kay, M., Wiklund, J., Wolfe, B., Hall, R., (2020). Avaliação do enriquecimento de vanádio e níquel no sedimento do lago da planície de inundação do rio Athabasca inferior na região das areias petrolíferas de athabasca (Canadá). Poluição Ambiental, 265.

64. Kujawinski, E., Freitas, M., Zang, X., Hatcher, P. (2002). A aplicação da espetrometria de massa com electrospray (ESI MS) à caraterização estrutural da matéria orgânica natural. Geoquímica Orgânica, 33, 171 - 180.

65. Kuppusamy, S., Maddela, N. R., Megharaj, M., & Venkateswarlu, K. (2020). Hidrocarbonetos totais de petróleo: destino ambiental, toxicidade e remediação. Springer.

66. Legarreta, L., Villar, H. (2011). Chaves Geológicas e Geoquímicas dos Recursos Potenciais de Xisto, Bacias da Argentina. Recursos Não Convencionais, Fundamentos, Desafios e Oportunidades para Novas Jazidas de Fronteira, Buenos Aires - Argentina.

67. Lemkau, K., Peacock, E., Nelson, R., Ventura, G., Kovecses, J., Reddy, C. (2010). O derrame do M/V Cosco Busan: identificação da fonte e destino a curto prazo. Marine Pollution Bulletin 60(11), 2123 - 2129.

68. Li, Bocai, He, Daxiang, Li, Meijun, Chen, Lin, Yan, Kai, Tang, Youjun (2022). Biomarcadores e isótopo de carbono de hidrocarboneto monômero em aplicação para óleo - correlação de origem e migração no bloco Moxizhuang - Yongjin, bacia de Junggar, NW China. ACS Omega, 7(50), 47317 - 47329.

69. Lobao, M., Thomazelli, F., Batista, E., Oliveira, R., Souza, M., Matos, N. (2022). Derramamentos

crônicos de óleo revelados pelo conjunto mais importante de amostras do incidente no nordeste do Brasil, 2019. Anais da Academia Brasileira de Ciências, 94, e20210492.

70. López, L., Lo Mónaco, S. (2010). Geoquímica de petróleos brutos do Cinturão Petrolífero do Orinoco, Bacia Oriental da Venezuela. Revista de la Facultad de Ingeniera Universidad Central de Venezuela, 25(2), 41 - 50.

71. López, L., Lo Mónaco, S. (2017). Vanádio, níquel e enxofre em óleos crus e rochas geradoras e sua relação com biomarcadores: Implicações para a origem dos óleos crus nas bacias venezuelanas. Geoquímica Orgânica, 104, 53 - 68.

72. López, L., Infante C. (2021). Alterações nos biomarcadores da fração de hidrocarbonetos saturados em um teste de biorremediação com um petróleo bruto extrapesado. Revista Internacional de Poluição Ambiental, 37, 119 - 131.

73. López, L., Lo Mónaco, S., Kalkreuth, W., Peralba, M. (2019). Avaliação do ambiente deposicional e do potencial de rocha geradora de xistos, siltitos e veios de carvão do Permiano do Campo de Carvão de Santa Terezinha, Bacia do Paraná, Brasil. Jornal de Ciências da Terra da América do Sul, 94, 102227.

74. Lorenzo, E., Roca-Beltrán, W., Martínez, M., Morato, A., Escandón-Panchana, P., Álvarez-Domínguez, C. (2018). Correlação geoquímica entre óleos crus e rochas do sistema petrolífero da Península de Santa Elena e do Golfo de Guayaquil. Boletim de Geologia, 40(1), 31 - 42.

75. Lundberg, R. (2019). Validação de biomarcadores para a revisão do método CEN/TR 15522-2:2012. Method: A Statistical Study of Sampling, Discriminating Powers and Weathering of new Biomarkers for Comparative Analysis of Lighter Oils. Tese de doutoramento, Universidade de Linkoping, Suécia.

76. Malmborg, J., Kooistra, K., Kraus, U., Kienhuis, P. (2020). Avaliação de biomarcadores de petróleo leve para a 3ª edição da metodologia do Comité Europeu de Normalização para a identificação de derrames de petróleo (EN15522-2). Environmental Forensics, 22(3 - 4), 325 - 339.

77. Mariano, A., Kataoka, A., Angelis, D., Bonotto, D. (2007). Estudo laboratorial sobre a biorremediação de solo contaminado com óleo diesel de um posto de gasolina. Revista Brasileira de Microbiologia, 38, 346 - 353.

78. Moldowan, J., Seifert, W., Gallegos, E. (1985). Relação entre a composição do petróleo e o ambiente deposicional das rochas geradoras de petróleo. Boletim AAPG, 69(8), 1255 - 1268.

79. Mpodozis, C., Mella, P., Padva, D. (2011). Estratigrafia e megasequências sedimentares na Bacia Austral - Magallanes, Argentina e Chile, in Sétimo Congresso de Exploração e Desenvolvimento de Hidrocarbonetos: Mar del Plata, Buenos Aires, Argentina, Instituto Argentino del Petróleo y del Gas, 97 - 137.

80. Oliveira, O., Queiroz, A., Cerqueira, J., Soares, S., Garcia, K., Pavani Filho, A., Rosa, M., Suzart, C., Pinheiro, L., Moreira, I. (2020). Desastre ambiental no litoral nordeste do Brasil: Geoquímica forense na identificação da origem do material oleoso. Boletim de Poluição Marinha, 160(111597), 1 - 7.

81. Olson, G., Gao, H., Meyer, B., Miles, M., Overton, E. (2017). Efeito do Corexit 9500 A nos padrões de intemperismo do petróleo bruto do Mississippi Canyon usando água do mar artificial e natural. Heliyon, 3(3), e00269.

82. Orea, M., López, L., Ranaudo, M., Faraco, A. (2021). Biomarcadores saturados adsorvidos e ocluídos pelos asfaltenos de alguns óleos crus venezuelanos: Limitações na avaliação e interpretações geoquímicas. Journal of Petroleum Science and Engineering, 206, 109048.

83. Orta-Martínez, M., Rosell-Melé, A., Cartró-Sabaté, M., O'Callaghan-Gordo, C., Moraleda-Cibrián, N., Mayor, P. (2018). Primeiras evidências de vida selvagem amazônica se alimentando de solos contaminados com petróleo: uma nova rota de exposição a compostos petrogênicos? Environmental Research, 160, 514 - 517.

84. Peters, K., Walters, C., Moldowan, J. (2005). O Guia de Biomarcadores. Biomarkers and Isotopes in the Environment and Human History (Biomarcadores e Isótopos no Ambiente e na História

Humana). Reino Unido: Cambridge University Press.

85. Pittion, J., Goudaian, J. (1992). Rochas-fonte e geração de petróleo na bacia Austral. XIII Congresso Mundial de Petróleo, Buenos Aires, 2, 113 - 120.

86. Pittion, J., Arbe, H., (1999). Sistema petrolífero da Bacia Austral. IV Congresso de Exploração e Desenvolvimento de Hidrocarbonetos, IAPG, Actas I, 239 - 250.

87. Poiré, D., Franzese, J. (2010). Sequências clásticas mesozóicas de uma bacia de rifte jurássica a foreland cretácica, Bacia Austral, Patagónia, Argentina. Em: del Papa, C. e R. Astini (Eds), Guia de Excursão de Campo, 18º Congresso Internacional de Sedimentologia, Argentina. FE-C13, 53 pp.

88. Prince, R., Elmendorf, D., Lute, J., Hsu, C., Haith, C., Senius, J., Dechert, G., Douglas, G., Butler, E. (1994). 17-α(H)- 21-β(H)-Hopane as a conserved internal marker for estimating the biodegradation of crude oil. Environmental Science & Technology 28(1), 142 - 145.

89. Ramos, M., Suárez, R., Boixart, G., Ghiglione, M., Ramos, V. (2019). A estrutura do norte da Bacia Austral: inversão tectônica de falhas normais mesozóicas. Jornal de Ciências da Terra da América do Sul, 94.

90. Rangel, A., Osorno, J., Ramirez, J., De Bedout, J., González, J., Pabón, J. (2017). Avaliação geoquímica dos óleos colombianos com base nas propriedades do petróleo a granel e nos parâmetros dos biomarcadores. Geologia Marinha e do Petróleo, 86, 1291 - 1309.

91. Reyes, C., Moreira, I., Oliveira, D., Medeiros, N., Almeida, M., Wandega, F., Soares, S., Oliveira, O. (2014). Intemperismo de biomarcadores de petróleo: revisão em Impactos do ambiente marinho tropical. Revista da Biblioteca de Acesso Aberto, 1, 1 - 2.

92. Richardson, J., Miller, D. (1982). Identificação de Hidrocarbonetos Dicíclicos e Tricíclicos na Fração Saturada de um Petróleo Bruto por Cromatografia Gasosa/Massa. Analytical Chemistry, 54, 765 - 768.

93. Richiano, S., Varela, A., Cereceda, A., Poiré, D. (2012). Evolução paleoambiental da Formação Río Mayer, Cretáceo Inferior, Bacia Sul, Província de Santa Cruz, Argentina. Revista Latino-Americana de Sedimentologia e Análise de Bacias, 19(1), 3 - 26.

94. Richiano, S., Varela, A., Poiré, D. (2016). Distribuição heterogênea de fósseis vestigiais em depósitos transgressivos iniciais em bacias rifte: um exemplo da Formação Springhill, Argentina. Lethaia, 49(4), 524 - 539.

95. Robbiano, J., Arbe, H., Gangui, A. (1996). Cuenca Austral Marina, in Ramos, V. y Turic., M., eds., Geologla y Recursos Naturales de Ia Plataforma Continental Argentina, Relatorio del XIII Congreso Geológico Argentino y III Congreso de Exploración de Hidrocarburos, Buenos Aires, Argentina, 343 - 358.

96. Rodríguez, J., Miller, M., Cagnolatti, M. (2008). Sistemas petrolíferos da Bacia Austral, Argentina e Chile. Em C. E. Cruz, J. F. Rodríguez, J. J. Hechem e H. J. Villar, eds., Simpósio: "Sistemas Petrolíferos das Bacias Andinas". Instituto Argentino do Petróleo e do Gás. Talleres Trama S.A., Buenos Aires.

97. Rodríguez, C., Iglesias, K., Bícego, M., Taniguchi, S., Sasaki, S., Kandratavicius, N., Venturini, N. (2018). Hidrocarbonetos no solo e sedimentos de fluxo de água de fusão perto da Estação de Pesquisa Antártica de Artigas: origem, fontes e níveis. Ciência Antártica, 30, 170 - 182.

98. Rodríguez, R., Hernández, A., Domínguez, Z., Nuñez Clemente, A., del Sol Ortega, O. (2020). Metodologia analítica para a análise de biomarcadores de terpanos e esteranos em amostras de petróleo bruto por cromatografia gasosa acoplada à espetrometria de massa. Revista CENIC Ciencias Químicas, 51(2), 209 - 223.

99. Ron, E., Rosenberg, E. (2014). Biorremediação aprimorada de derramamentos de óleo no mar. Opinião atual em Biotecnologia, 27, 191-194.

100. Rosell-Melé, A., Moraleda-Cibrián, N., Cartró-Sabaté, M., Colomer-Ventura, F., Mayor, P., Orta-Martínez, M. (2018). Poluição por óleo em solos e sedimentos do norte da Amazônia peruana. Science of The Total Environment, 1010 - 1019.

101. Rullkotter, J., Welte, D. (1980). Correlação óleo-óleo e óleo-condensado por medições GC-MS

de baixo eV de hidrocarbonetos aromáticos, em Douglas, A., Maxwell, J. (eds). Advances in Organic Geochemistry (1979). Physics and Chemistry of the Earth, 12, 93 - 102.

102. Salat, A., Eickmeyer, D., Kimpe, L., Hall, R., Wolfe, B., Mundy, L., Blais, J. (2020). Análises integradas de biomarcadores de petróleo e compostos aromáticos policíclicos em núcleos de sedimentos de lagos de uma região de areias petrolíferas. Poluição Ambiental, 116060.

103. Schito, A., Corrado, S. (2018). Uma abordagem automática para a caraterização da maturidade térmica dos espectros Raman da matéria orgânica dispersa em estágios diagenéticos baixos. Sociedade Geológica, Londres, Publicações Especiais, SP484.5.

104. Schiuma, M., Hinterwimmer, G., Vergani, G. (2018). Rochas de reservatório das bacias produtivas da Argentina: Buenos Aires, Instituto Argentino do Petróleo e do Gás, 1006 p.

105. Schwarzkopf, T., Leythaeuser, D. (1988). Geração e migração de petróleo na calha de Gifhorn, NW-Alemanha: Geoquímica Orgânica 13(1 - 3), 245 - 253.

106. Seguel, C., Mudge, S., Salgado, C., Toledo, M. (2001). Rastreio de esgotos no ambiente marinho: Assinaturas alteradas na Baía de Concepción, Chile. Water Research, 17, 4166 - 4174.

107. Seifert, W., Moldowan, J. (1978). Aplicação de esteranos, triterpanos e monoaromáticos à maturação de óleos crus. Geochimica et Cosmochimica Ata, 42, 71 - 95.

108. Seifert, W., Moldowan, J., Demaison, G. (1984). Correlação de fontes de óleos biodegradados. Geoquímica Orgânica, 6, 633 - 643.

109. Shanmugam, G. (1985). Significância das florestas tropicais de coníferas e matéria orgânica relacionada na geração de quantidades comerciais de petróleo, Gippsland Basin, Austrália. Boletim da Associação Americana de Geólogos de Petróleo, 69, 1241 - 1254.

110. Sivan, P., Datta, G., Singh, R. (2008). Biomarcadores aromáticos como indicadores de fonte, ambiente deposicional, maturidade e migração secundária nos óleos da Bacia de Cambay, Índia. Organic Geochemistry, 39(11), 1620 - 1630.

111. Song, X., Zhang, B., Chen, B. Cai, Q. (2016). Uso de sesquiterpanos, esteranos e terpanos para impressão digital forense de óleo quimicamente disperso. Poluição da água, do ar e do solo, 227(8), 281.

112. Speight, J. (2014). A química e a tecnologia do petróleo. CRC press.

113. Stashenko, E., Martínez, J., Robles, M. (2014). Extração seletiva e deteção específica de biomarcadores saturados de óleo. Scientia Chromatographica 6, 251 - 268.

114. Stout, S., Wang, Z. (2007). Chemical fingerprinting of spilled or discharged petroleum - methods and factors affecting petroleum fingerprints in the environment. Em: Wang, Z., Stout, S., (Eds). Oil Spill Environmental Forensics. Reino Unido: Academic Press.

115. Stout, S., Wang, Z. (2016). Métodos de impressão digital química e factores que afectam as impressões digitais de petróleo no ambiente. Em: Stout, S., Wang, Z. (Eds). Standard Handbook Oil Spill Environmental Forensics Fingerprinting and Source Identification. Reino Unido: Academic Press.

116. Summons, R., Lincoln, S. (2012). Biomarcadores: moléculas informativas para estudos em geobiologia, em Knoll, A., Canfield, D., Konhauser, K. (eds). Fundamentals of Geobiology: Oxford, Wiley-Blackwell, 269-298.

117. Sutton, P., Lewis, C., Rowland, S. (2005). Isolamento de hidrocarbonetos individuais da mistura complexa de hidrocarbonetos não resolvida de um petróleo bruto biodegradado utilizando cromatografia gasosa capilar preparativa. Geoquímica Orgânica, 36, 963 - 970.

118. Swannel, R., Lee, K., McDonagh, M. (1996). Avaliação no terreno da bioremediação de derrames de petróleo marinho. Microbiological Reviews, 60, 342 - 365.

119. Schwarz, E., Veiga, G., Spalletti, L., Massaferro, J. (2011). O preenchimento transgressivo de um sistema de vale herdado: A Formação Springhill (Cretáceo inferior) no sul da Bacia Austral, Argentina. Geologia Marinha e do Petróleo, 28: 1218 - 1241.

120. Tissot, B., Welte, D. (1984). Petroleum formation and occurrence. Berlim, SpringerVerlag, 666 p.

121. TNRCC (2000). MÉTODO TNRCC 1006. Caracterização de hidrocarbonetos de petróleo Nc6 a

Nc35 em amostras ambientais. Comissão de Conservação dos Recursos Naturais do Texas. Método. Estados Unidos, Texas, 21 p.

122. Toledo, S., Peri, P., Fontenla, S. (2022). Condições ambientais e efeitos exercidos pelo pastoreio sobre micorrízicos arbusculares em plantas nas pastagens do sul da Patagônia. Rangeland Ecology & Management, 81, 44 - 54.

123. Tomas, G., Vargas, W., Acuña, A. (2020). Avaliação geoquímica de biomarcadores do depósito de Mosquito na Bacia Sul da Patagônia Argentina: Revista de la Sociedad Geológica de España, 33 (2), 31 - 40.

124. Tomas, G., Acuña, A. (2023). Estudo de biomarcadores de petróleo a partir da meteorização de um petróleo bruto na água do mar. Revista Internacional de Poluição Ambiental, 39, 71 - 84.

125. Truskewycz, A., Gundry, T., Khudur, L., Kolobaric, A., Taha, M., Aburto-Medina, A., Ball, A., Shahsavari, E. (2019). Contaminação por hidrocarbonetos de petróleo em ecossistemas terrestres - destino e respostas microbianas. Molecules, 24(18), 3400.

126. Turner, R., Overton, E., Meyer, B., Miles, M., Hooper-Bui, L., Engel, A., Swenson, E., Lee, J., Milan C., Gao, H. (2014). Distribuição e trajetória de recuperação do petróleo de Macondo (Mississippi Canyon 252) nas zonas húmidas costeiras da Louisiana. Boletim de Poluição Marinha, 87(1 - 2), 57 - 67.

127. U.S. EPA (2007). "Método 3545A (SW-846): Extração de Fluido Pressurizado (PFE)," Revisão 1. Washington, DC.

128. Vandenbroucke, M., Largeau, C. (2007). Origem, evolução e estrutura do querogénio. Geoquímica Orgânica, 38(5), 719 - 833.

129. Vargas-Escudero, M., Ríos-Reyes, C., García-González, M., Ortiz-Orduz, A. (2021). Diagênese e maturidade térmica das rochas sedimentares do Grupo Cogollo no poço ANH-CR-Montecarlo-1X, Bacia Cesar-Ranchería, Colômbia. Geologia Andina 48(3), 472 - 495.

130. Venosa, A., Suidan, M., King, D., Wrenn, B. (1997). Utilização do hopano como biomarcador conservador para monitorizar a eficácia da bioremediação do petróleo bruto que contamina uma praia arenosa. Journal of Industrial Microbiology and Biotechnology 18(2 - 3), 131 - 139.

131. Villar, H., Arbe, H. (1993). Geração de petróleo na área de Esperanza, Bacia Austral, Argentina (resumo), em Mello M., Trindade L. (eds). Terceiro Congresso Latino-Americano de Geoquímica Orgânica (1992), Manaus, Brasil, 150 - 153.

132. Villar, H., Sylwan, C., Gutiérrez Pleimling, A., Miller, M., Castaño, J., Dow, W. (1996). Formação de óleos pesados a partir de processos de biodegradação e mistura no sistema petrolífero D-129-Cañadón Seco, Flanco Sul da Bacia do Golfo San Jorge, Província de Santa Cruz, Argentina. Actas I, XIII Congresso Geológico Argentino e III Congresso de Exploração de Hidrocarbonetos, AGA, IAPG, 45 - 60 p.

133. Walters, C., Wang, F., Higgins, M., Madincea, M. (2018). Análise Universal de Biomarcadores: Hidrocarbonetos Aromáticos. Geoquímica Orgânica, 124, 205 - 214.

134. Wang, Z., Fingas, M., Blenkinsopp, S., Sergy, G., Landriault, M., Sigouin, L., Foght, J., Semple, K., Westlake, D. (1998). Oil composition changes due to biodegradation and differentiation between these changes to those due to weathering. Journal of Chromatography A, 809, 89 - 107.

135. Wang, Z., Fingas, M., Sigouin, L. (2000). Caracterização e identificação da fonte de um óleo derramado desconhecido utilizando técnicas de impressão digital por GC-MS e GC-FID. Lc-Gc América do Norte, 10, 1058 - 1067.

136. Wang, Z., Fingas, M., Owens, E., Sigouin, L., Brown, C. (2001). Long-term fate and persistence of the spilled Metula oil in a marine salt marsh environment - degradation of petroleum biomarkers. Journal of Chromatography A, 926(2), 275 - 290.

137. Wang, Z., Fingas, M. (2003). Desenvolvimento de técnicas de identificação e impressão digital de hidrocarbonetos de petróleo. Marine Pollution Bulletin, 47 (9 - 12), 423 - 452.

138. Wang, Z., Stout, S., Fingas, M. (2006). Impressão digital forense de biomarcadores para caraterização de derrames de petróleo e identificação da fonte. Environmental Forensics, 7, 105 - 146.

139. Wang, Z., Yang, C., Yang, Z., Brown, C. (2007). Impressão digital de biomarcadores de petróleo para caraterização de derrames de petróleo e identificação de fontes. Oil Spill Environmental Forensics 3, 73 - 146.

140. Yang, Z., Hollebone, B., Brown, C., Yang, C., Wang, Z., Zhang, G., Shah, K. (2016). O comportamento fotolítico do betume diluído em água do mar simulada por exposição à luz solar natural. Fuel, 186, 128 - 139.

141. Yang, Z., Shah, K., Courtemanche, C., Hollebone, B., Yang, C., Beaulac, V. (2023). O destino e o comportamento dos biomarcadores de petróleo em betume diluído e petróleo bruto convencional exposto à luz solar natural em água do mar simulada. Chemosphere, 320, 137906.

142. Yavari, S., Malakahmad, A., Sapari, N. (2015). Uma revisão sobre fitorremediação de derrames de petróleo bruto. Poluição da água, do ar e do solo, 226(8).

143. Yim, U., Ha, S., An, J., Won, J., Han, G., Hong, S., Kim, M., Jung, J., Shim, W. (2011). Impressão digital e características de intemperismo de óleos encalhados após o derrame de petróleo do Hebei Spirit Journal of Hazardous Materials, 197, 60 - 69.

144. Zerfass, H., Ramos, V., Ghiglione, M., Naipauer, M., Belotti, H., Carmo, I. (2017). Dobramento, empuxo e desenvolvimento de estruturas push-up durante a inversão tectônica do Mioceno da bacia Austral, sul dos Andes Patagônicos (50 ° S). Tectonofísica, 699, 102 - 120.

145. Zhang, H., Yin, X., Zhou, H., Wang, J., Han, L. (2015). Características de intemperismo de óleos brutos do acidente de derramamento de óleo de Dalian, China. Aquatic Procedia, 3, 238 - 244.

# 7. ANEXO

## ANEXO 1

Tabela AN. Desvios-padrão relativos obtidos a partir das abundâncias relativas do petróleo bruto AN.

| RAs | AN1 | AN2 | AN3 | AN4 | Médias | SDs | DER |
|---|---|---|---|---|---|---|---|
| n-C9 | 0,0392 | 0,0465 | 0,0343 | 0,0406 | 0,0402 | 0,0050 | 12,4 |
| n-C10 | 0,0653 | 0,0658 | 0,0633 | 0,0599 | 0,0636 | 0,0027 | 4,2 |
| n-C11 | 0,1810 | 0,1722 | 0,1450 | 0,1708 | 0,1673 | 0,0155 | 9,3 |
| n-C12 | 0,1164 | 0,1133 | 0,1139 | 0,1146 | 0,1146 | 0,0013 | 1,2 |
| n-C13 | 0,0403 | 0,0451 | 0,0492 | 0,0455 | 0,0450 | 0,0037 | 8,1 |
| n-C14 | 0,0193 | 0,0245 | 0,0217 | 0,0189 | 0,0211 | 0,0026 | 12,1 |
| n-C15 | 0,1162 | 0,1044 | 0,1007 | 0,1020 | 0,1058 | 0,0071 | 6,7 |
| n-C16 | 0,0629 | 0,0722 | 0,0696 | 0,0689 | 0,0684 | 0,0039 | 5,8 |
| n-C17 | 0,0639 | 0,0634 | 0,0652 | 0,0681 | 0,0652 | 0,0021 | 3,3 |
| P | 0,1599 | 0,1560 | 0,1907 | 0,1677 | 0,1686 | 0,0155 | 9,2 |
| n-C18 | 0,0394 | 0,0387 | 0,0375 | 0,0410 | 0,0391 | 0,0015 | 3,8 |
| F | 0,0963 | 0,0979 | 0,1090 | 0,1017 | 0,1012 | 0,0057 | 5,6 |
| n-C19 | 0,0000 | 0,0000 | 0,0000 | 0,0000 | 0,0000 | 0,0000 | 0,0 |
| n-C20 | 0,0000 | 0,0000 | 0,0000 | 0,0000 | 0,0000 | 0,0000 | 0,0 |
| n-C21 | 0,0000 | 0,0000 | 0,0000 | 0,0000 | 0,0000 | 0,0000 | 0,0 |
| n-C22 | 0,0000 | 0,0000 | 0,0000 | 0,0000 | 0,0000 | 0,0000 | 0,0 |
| n-C23 | 0,0000 | 0,0000 | 0,0000 | 0,0000 | 0,0000 | 0,0000 | 0,0 |
| n-C24 | 0,0000 | 0,0000 | 0,0000 | 0,0000 | 0,0000 | 0,0000 | 0,0 |
| n-C25 | 0,0000 | 0,0000 | 0,0000 | 0,0000 | 0,0000 | 0,0000 | 0,0 |
| n-C26 | 0,0000 | 0,0000 | 0,0000 | 0,0000 | 0,0000 | 0,0000 | 0,0 |
| n-C27 | 0,0000 | 0,0000 | 0,0000 | 0,0000 | 0,0000 | 0,0000 | 0,0 |
| n-C28 | 0,0000 | 0,0000 | 0,0000 | 0,0000 | 0,0000 | 0,0000 | 0,0 |
| n-C29 | 0,0000 | 0,0000 | 0,0000 | 0,0000 | 0,0000 | 0,0000 | 0,0 |
| n-C30 | 0,0000 | 0,0000 | 0,0000 | 0,0000 | 0,0000 | 0,0000 | 0,0 |
| T19 | 0,0171 | 0,0180 | 0,0149 | 0,0156 | 0,016 | 0,001 | 8,6 |
| T20 | 0,0217 | 0,0216 | 0,0247 | 0,0205 | 0,022 | 0,002 | 8,1 |
| T21 | 0,0324 | 0,0360 | 0,0391 | 0,0355 | 0,036 | 0,003 | 7,7 |
| T23 | 0,0388 | 0,0393 | 0,0412 | 0,0397 | 0,040 | 0,001 | 2,7 |
| T24 | 0,0295 | 0,0282 | 0,0260 | 0,0243 | 0,027 | 0,002 | 8,5 |
| T25 | 0,0068 | 0,0081 | 0,0080 | 0,0079 | 0,008 | 0,001 | 8,1 |
| T26(R) | 0,0387 | 0,0417 | 0,0394 | 0,0435 | 0,041 | 0,002 | 5,4 |
| T26(S) | 0,0095 | 0,0103 | 0,0091 | 0,0094 | 0,010 | 0,000 | 5,1 |
| Ts | 0,0526 | 0,0505 | 0,0505 | 0,0437 | 0,049 | 0,004 | 7,9 |
| Tm | 0,0614 | 0,0505 | 0,0607 | 0,0543 | 0,057 | 0,005 | 9,3 |
| H29 | 0,2232 | 0,2242 | 0,2238 | 0,2342 | 0,226 | 0,005 | 2,3 |
| H30 | 0,2893 | 0,2820 | 0,2767 | 0,2740 | 0,280 | 0,007 | 2,4 |
| M30 | 0,0181 | 0,0168 | 0,0165 | 0,0154 | 0,017 | 0,001 | 6,6 |
| H31(S) | 0,0425 | 0,0476 | 0,0517 | 0,0544 | 0,049 | 0,005 | 10,5 |
| H31(R) | 0,0359 | 0,0380 | 0,0330 | 0,0361 | 0,036 | 0,002 | 5,8 |
| G30 | 0,0091 | 0,0088 | 0,0086 | 0,0091 | 0,009 | 0,000 | 2,9 |
| H32(S) | 0,0291 | 0,0312 | 0,0312 | 0,0331 | 0,031 | 0,002 | 5,3 |
| H32(R) | 0,0230 | 0,0230 | 0,0205 | 0,0268 | 0,023 | 0,003 | 11,1 |
| H33(S) | 0,0115 | 0,0139 | 0,0149 | 0,0140 | 0,014 | 0,001 | 10,7 |
| H33(R) | 0,0098 | 0,0103 | 0,0095 | 0,0083 | 0,009 | 0,001 | 9,0 |
| S20 | 0,097 | 0,079 | 0,086 | 0,087 | 0,087 | 0,007 | 8,5 |
| S21 | 0,077 | 0,077 | 0,081 | 0,070 | 0,076 | 0,005 | 6,0 |
| S22 | 0,045 | 0,050 | 0,051 | 0,045 | 0,048 | 0,003 | 7,0 |
| D27(βs) | 0,120 | 0,120 | 0,116 | 0,106 | 0,115 | 0,007 | 5,7 |
| D27(βr) | 0,048 | 0,048 | 0,048 | 0,045 | 0,047 | 0,002 | 3,3 |
| D27(αs) | 0,019 | 0,025 | 0,024 | 0,022 | 0,022 | 0,003 | 12,9 |
| D27(ar) | 0,019 | 0,022 | 0,020 | 0,018 | 0,020 | 0,002 | 9,4 |
| S27 (as) | 0,038 | 0,043 | 0,044 | 0,043 | 0,042 | 0,002 | 5,8 |
| S27(βr) | 0,099 | 0,113 | 0,115 | 0,112 | 0,110 | 0,007 | 6,3 |
| S27 (βs) | 0,056 | 0,066 | 0,062 | 0,060 | 0,061 | 0,004 | 6,5 |
| S27(ar) | 0,040 | 0,043 | 0,043 | 0,046 | 0,043 | 0,003 | 6,2 |
| S28 (as) | 0,004 | 0,004 | 0,003 | 0,003 | 0,004 | 0,000 | 8,0 |
| S28(βr) | 0,046 | 0,039 | 0,040 | 0,040 | 0,041 | 0,003 | 7,4 |
| S28(βs) | 0,023 | 0,023 | 0,023 | 0,024 | 0,023 | 0,001 | 2,3 |
| S28 (ar) | 0,052 | 0,045 | 0,044 | 0,049 | 0,047 | 0,004 | 7,8 |
| S29 (as) | 0,084 | 0,083 | 0,082 | 0,093 | 0,085 | 0,005 | 6,0 |
| S29(βr) | 0,049 | 0,038 | 0,038 | 0,040 | 0,041 | 0,005 | 12,5 |
| S29(βs) | 0,016 | 0,014 | 0,014 | 0,017 | 0,015 | 0,002 | 9,9 |
| S29 (ar) | 0,068 | 0,067 | 0,066 | 0,080 | 0,070 | 0,006 | 8,8 |
| N | 0,006 | 0,006 | 0,007 | 0,006 | 0,006 | 0,001 | 10,8 |
| 2-MN | 0,023 | 0,025 | 0,025 | 0,023 | 0,024 | 0,001 | 3,6 |
| 1-MN | 0,023 | 0,030 | 0,028 | 0,025 | 0,026 | 0,003 | 12,4 |
| 2-PT | 0,005 | 0,006 | 0,007 | 0,006 | 0,006 | 0,001 | 12,4 |
| 1-PT | 0,009 | 0,010 | 0,011 | 0,009 | 0,010 | 0,001 | 10,6 |
| 2.6 + 2.7 - DMN | 0,019 | 0,020 | 0,024 | 0,021 | 0,021 | 0,002 | 10,1 |

| | | | | | | | |
|---|---|---|---|---|---|---|---|
| 1.3 + 1.7 - DMN | 0,037 | 0,035 | 0,036 | 0,031 | 0,035 | 0,003 | 8,3 |
| 1,6 - DMN | 0,014 | 0,017 | 0,015 | 0,014 | 0,015 | 0,002 | 10,1 |
| 1,4 + 2,3 - DMN | 0,012 | 0,013 | 0,014 | 0,012 | 0,013 | 0,001 | 8,5 |
| 1,5 - DMN | 0,007 | 0,008 | 0,009 | 0,008 | 0,008 | 0,001 | 7,5 |
| 1,2 - DMN | 0,017 | 0,021 | 0,021 | 0,018 | 0,020 | 0,002 | 10,1 |
| 1,3,7 - TMN | 0,081 | 0,093 | 0,094 | 0,082 | 0,087 | 0,007 | 8,0 |
| 1,3,6 - TMN | 0,020 | 0,025 | 0,025 | 0,022 | 0,023 | 0,002 | 10,7 |
| 1,3,5 + 1,4,6 - TMN | 0,029 | 0,035 | 0,037 | 0,031 | 0,033 | 0,004 | 11,2 |
| 2,3,6 - TMN | 0,035 | 0,040 | 0,041 | 0,034 | 0,038 | 0,003 | 9,1 |
| 1,2,7 + 1,6,7 - TMN | 0,016 | 0,019 | 0,020 | 0,017 | 0,018 | 0,002 | 11,5 |
| 1,2,6 - TMN | 0,006 | 0,006 | 0,006 | 0,007 | 0,006 | 0,000 | 4,1 |
| 1,2,4 - TMN | 0,010 | 0,011 | 0,013 | 0,012 | 0,011 | 0,001 | 9,2 |
| 1,2,5 - TMN | 0,073 | 0,090 | 0,088 | 0,080 | 0,083 | 0,008 | 9,7 |
| Ph | 0,105 | 0,089 | 0,092 | 0,100 | 0,097 | 0,007 | 7,7 |
| 3-MP | 0,102 | 0,088 | 0,084 | 0,096 | 0,093 | 0,008 | 8,6 |
| 2-MP | 0,117 | 0,093 | 0,096 | 0,115 | 0,105 | 0,012 | 11,8 |
| 9-MP | 0,117 | 0,104 | 0,095 | 0,106 | 0,106 | 0,009 | 8,6 |
| 1-MP | 0,061 | 0,063 | 0,058 | 0,071 | 0,063 | 0,005 | 8,5 |
| D | 0,001 | 0,001 | 0,001 | 0,001 | 0,001 | 0,000 | 4,9 |
| 4-MDBT | 0,039 | 0,035 | 0,034 | 0,037 | 0,036 | 0,002 | 5,8 |
| 2 + 3 - MDBT | 0,011 | 0,011 | 0,012 | 0,012 | 0,012 | 0,001 | 8,3 |
| 1 - MDBT | 0,005 | 0,005 | 0,005 | 0,004 | 0,005 | 0,000 | 8,9 |

Idem Quadro 11.

Tabela AN. Razões de diagnóstico (RD) obtidas a partir do petróleo bruto AN.

| RDs | AN1 | AN2 | AN3 | AN4 | Baile de finalistas | SDs | DER |
|---|---|---|---|---|---|---|---|
| P/F | 1,661 | 1,594 | 1,750 | 1,649 | 1,664 | 0,065 | 3,9 |
| P/n-C17 | 2,502 | 2,462 | 2,925 | 2,462 | 2,588 | 0,226 | 8,7 |
| FZn-Cx8 | 2,446 | 2,529 | 2,909 | 2,480 | 2,591 | 0,215 | 8,3 |
| n-C29/n-C17 | 0,000 | 0,000 | 0,000 | 0,000 | 0,000 | 0,000 | 0,0 |
| H29/H30 | 0,771 | 0,795 | 0,809 | 0,855 | 0,808 | 0,035 | 4,4 |
| 10 x G3o G3o x C3o | 0,063 | 0,060 | 0,060 | 0,056 | 0,060 | 0,003 | 4,3 |
| M3o/H3o | 0,306 | 0,304 | 0,300 | 0,321 | 0,308 | 0,009 | 3,0 |
| % S27 | 40,59 | 45,85 | 45,91 | 43,07 | 43,86 | 2,548 | 5,8 |
| % S28 | 21,53 | 19,09 | 19,25 | 19,07 | 19,73 | 1,197 | 6,1 |
| % S29 | 37,87 | 35,04 | 34,82 | 37,85 | 36,39 | 1,692 | 4,6 |
| D27/S27 | 0,878 | 0,811 | 0,790 | 0,730 | 0,802 | 0,061 | 7,6 |
| IMP | 1,158 | 1,063 | 1,099 | 1,141 | 1,115 | 0,043 | 3,8 |
| Rc | 1,077 | 1,025 | 1,045 | 1,068 | 1,053 | 0,024 | 2,2 |
| % 4-MeDBT | 70,91 | 69,22 | 66,15 | 68,68 | 68,74 | 1,971 | 2,9 |
| % 2+3-MeDBT | 19,69 | 21,72 | 24,12 | 23,42 | 22,24 | 1,975 | 8,9 |
| % 1-MeDBT | 9,386 | 9,053 | 9,721 | 7,889 | 9,012 | 0,797 | 8,8 |
| DBTZPh | 0,013 | 0,015 | 0,014 | 0,015 | 0,014 | 0,001 | 7,9 |

Idem Quadro 12.

Tabela AC. Desvio-padrão relativo obtido a partir das abundâncias relativas do petróleo bruto AC.

| RAs | AC1 | AC2 | AC3 | AC4 | Médias | SDs | DER |
|---|---|---|---|---|---|---|---|
| n-C9 | 0,033 | 0,033 | 0,034 | 0,038 | 0,034 | 0,002 | 6,4 |
| n-C10 | 0,051 | 0,048 | 0,049 | 0,056 | 0,051 | 0,004 | 7,0 |
| n-C11 | 0,069 | 0,060 | 0,068 | 0,062 | 0,064 | 0,004 | 6,8 |
| n-C12 | 0,077 | 0,071 | 0,072 | 0,067 | 0,072 | 0,004 | 5,9 |
| n-C13 | 0,071 | 0,072 | 0,072 | 0,065 | 0,070 | 0,003 | 4,6 |
| n-C14 | 0,069 | 0,068 | 0,067 | 0,061 | 0,066 | 0,003 | 5,2 |
| n-C15 | 0,066 | 0,062 | 0,076 | 0,066 | 0,067 | 0,006 | 8,6 |
| n-C16 | 0,049 | 0,051 | 0,050 | 0,048 | 0,049 | 0,001 | 2,0 |
| n-C17 | 0,043 | 0,044 | 0,042 | 0,040 | 0,042 | 0,002 | 3,7 |
| P | 0,016 | 0,016 | 0,015 | 0,013 | 0,015 | 0,001 | 8,9 |
| n-C18 | 0,038 | 0,038 | 0,037 | 0,033 | 0,037 | 0,003 | 6,9 |
| F | 0,007 | 0,008 | 0,007 | 0,007 | 0,007 | 0,000 | 6,3 |
| n-C19 | 0,039 | 0,040 | 0,039 | 0,036 | 0,038 | 0,001 | 3,8 |
| n-C20 | 0,041 | 0,041 | 0,041 | 0,039 | 0,040 | 0,001 | 2,6 |
| n-C21 | 0,046 | 0,047 | 0,045 | 0,047 | 0,046 | 0,001 | 2,3 |
| n-C22 | 0,042 | 0,044 | 0,042 | 0,043 | 0,043 | 0,001 | 2,4 |
| n-C23 | 0,048 | 0,049 | 0,048 | 0,050 | 0,049 | 0,001 | 1,9 |
| n-C24 | 0,038 | 0,041 | 0,040 | 0,042 | 0,040 | 0,002 | 4,1 |
| n-C25 | 0,040 | 0,040 | 0,040 | 0,042 | 0,040 | 0,001 | 3,1 |
| n-C26 | 0,031 | 0,035 | 0,033 | 0,039 | 0,034 | 0,003 | 10,0 |
| n-C27 | 0,030 | 0,032 | 0,027 | 0,036 | 0,031 | 0,004 | 12,6 |
| n-C28 | 0,021 | 0,024 | 0,024 | 0,028 | 0,024 | 0,003 | 11,3 |
| n-C29 | 0,019 | 0,022 | 0,020 | 0,023 | 0,021 | 0,002 | 9,4 |
| n-C30 | 0,017 | 0,018 | 0,016 | 0,019 | 0,017 | 0,001 | 7,2 |
| T19 | 0,013 | 0,016 | 0,016 | 0,016 | 0,015 | 0,002 | 10,5 |
| T20 | 0,019 | 0,021 | 0,025 | 0,022 | 0,022 | 0,002 | 11,1 |
| T2I | 0,015 | 0,018 | 0,015 | 0,014 | 0,016 | 0,002 | 10,9 |

| | | | | | | | |
|---|---|---|---|---|---|---|---|
| $T_{23}$ | 0,016 | 0,017 | 0,020 | 0,016 | 0,017 | 0,002 | 12,7 |
| $T_{24}$ | 0,011 | 0,013 | 0,014 | 0,011 | 0,012 | 0,001 | 10,2 |
| $T_{25}$ | 0,003 | 0,003 | 0,003 | 0,004 | 0,003 | 0,000 | 6,1 |
| $T_{26}$(R) | 0,037 | 0,038 | 0,037 | 0,034 | 0,037 | 0,002 | 4,5 |
| $T_{26}$(S) | 0,002 | 0,003 | 0,003 | 0,002 | 0,002 | 0,000 | 5,5 |
| Ts | 0,030 | 0,034 | 0,038 | 0,029 | 0,033 | 0,004 | 12,3 |
| Tm | 0,071 | 0,075 | 0,082 | 0,061 | 0,072 | 0,009 | 11,9 |
| $H_{29}$ | 0,291 | 0,266 | 0,244 | 0,256 | 0,264 | 0,020 | 7,6 |
| $H_{30}$ | 0,293 | 0,310 | 0,308 | 0,320 | 0,308 | 0,011 | 3,7 |
| $M_{30}$ | 0,026 | 0,023 | 0,023 | 0,028 | 0,025 | 0,003 | 10,5 |
| $H_{31}$ (S) | 0,054 | 0,052 | 0,055 | 0,063 | 0,056 | 0,005 | 8,6 |
| $H_{31}$(R) | 0,029 | 0,030 | 0,030 | 0,033 | 0,030 | 0,002 | 6,0 |
| $G_{30}$ | 0,009 | 0,007 | 0,008 | 0,008 | 0,008 | 0,001 | 10,0 |
| $H_{32}$ (S) | 0,036 | 0,034 | 0,033 | 0,039 | 0,036 | 0,003 | 7,7 |
| $H_{32}$(R) | 0,019 | 0,016 | 0,020 | 0,019 | 0,018 | 0,001 | 7,7 |
| $H_{33}$ (S) | 0,014 | 0,012 | 0,016 | 0,014 | 0,014 | 0,001 | 10,4 |
| $H_{33}$(R) | 0,011 | 0,009 | 0,010 | 0,008 | 0,010 | 0,001 | 12,8 |
| $S_{20}$ | 0,026 | 0,032 | 0,032 | 0,029 | 0,030 | 0,003 | 10,4 |
| $S_{21}$ | 0,038 | 0,042 | 0,044 | 0,035 | 0,040 | 0,004 | 10,0 |
| $S_{22}$ | 0,029 | 0,033 | 0,030 | 0,026 | 0,030 | 0,003 | 9,9 |
| $D_{27}(\beta s)$ | 0,082 | 0,088 | 0,092 | 0,084 | 0,087 | 0,005 | 5,4 |
| $D_{27}(\beta r)$ | 0,045 | 0,040 | 0,042 | 0,039 | 0,041 | 0,002 | 5,7 |
| $D_{27}(\alpha s)$ | 0,011 | 0,009 | 0,012 | 0,011 | 0,011 | 0,001 | 12,0 |
| $D_{27}(ar)$ | 0,012 | 0,009 | 0,011 | 0,010 | 0,011 | 0,001 | 12,3 |
| $S_{27}(as)$ | 0,058 | 0,052 | 0,064 | 0,054 | 0,057 | 0,005 | 9,2 |
| $S_{27}(\beta r)$ | 0,083 | 0,073 | 0,087 | 0,085 | 0,082 | 0,006 | 7,6 |
| $S_{27}(\beta s)$ | 0,045 | 0,051 | 0,055 | 0,052 | 0,051 | 0,004 | 8,0 |
| $S_{27}(ar)$ | 0,054 | 0,070 | 0,064 | 0,056 | 0,061 | 0,007 | 11,5 |
| $S_{28}(as)$ | 0,001 | 0,001 | 0,001 | 0,001 | 0,001 | 0,000 | 11,7 |
| $S_{28}(\beta r)$ | 0,021 | 0,026 | 0,028 | 0,024 | 0,025 | 0,003 | 11,4 |
| $S_{28}(\beta s)$ | 0,029 | 0,034 | 0,032 | 0,030 | 0,031 | 0,002 | 7,8 |
| $S_{28}(ar)$ | 0,070 | 0,070 | 0,064 | 0,067 | 0,068 | 0,003 | 4,1 |
| $S_{29}(as)$ | 0,157 | 0,140 | 0,142 | 0,153 | 0,148 | 0,008 | 5,4 |
| $S_{29}(\beta r)$ | 0,062 | 0,064 | 0,053 | 0,059 | 0,059 | 0,005 | 8,4 |
| $S_{29}(\beta s)$ | 0,017 | 0,017 | 0,017 | 0,020 | 0,018 | 0,001 | 8,1 |
| $S_{29}(ar)$ | 0,161 | 0,148 | 0,130 | 0,164 | 0,151 | 0,016 | 10,3 |
| N | 0,356 | 0,290 | 0,307 | 0,312 | 0,316 | 0,028 | 8,9 |
| 2-MN | 0,078 | 0,089 | 0,086 | 0,086 | 0,085 | 0,005 | 5,4 |
| 1-MN | 0,058 | 0,056 | 0,054 | 0,051 | 0,055 | 0,003 | 5,5 |
| 2-PT | 0,012 | 0,014 | 0,014 | 0,012 | 0,013 | 0,001 | 7,6 |
| 1-PT | 0,008 | 0,010 | 0,009 | 0,009 | 0,009 | 0,001 | 11,1 |
| 2.6 + 2.7 - DMN | 0,066 | 0,067 | 0,065 | 0,064 | 0,066 | 0,001 | 1,9 |
| 1.3 + 1.7 - DMN | 0,077 | 0,072 | 0,070 | 0,068 | 0,072 | 0,004 | 5,8 |
| 1,6 - DMN | 0,037 | 0,044 | 0,043 | 0,041 | 0,041 | 0,003 | 7,5 |
| 1,4 + 2,3 - DMN | 0,020 | 0,025 | 0,024 | 0,022 | 0,023 | 0,002 | 10,2 |
| 1,5 - DMN | 0,010 | 0,011 | 0,011 | 0,010 | 0,011 | 0,001 | 5,6 |
| 1,2 - DMN | 0,018 | 0,022 | 0,021 | 0,021 | 0,020 | 0,001 | 7,1 |
| 1,3,7 - TMN | 0,028 | 0,032 | 0,031 | 0,029 | 0,030 | 0,002 | 6,0 |
| 1,3,6 - TMN | 0,033 | 0,042 | 0,041 | 0,040 | 0,039 | 0,004 | 10,2 |
| 1,3,5 + 1,4,6 - TMN | 0,024 | 0,031 | 0,030 | 0,032 | 0,029 | 0,004 | 12,2 |
| 2,3,6 - TMN | 0,010 | 0,011 | 0,011 | 0,011 | 0,011 | 0,001 | 4,6 |
| 1,2,7 + 1,6,7 - TMN | 0,013 | 0,017 | 0,016 | 0,014 | 0,015 | 0,002 | 12,3 |
| 1,2,6 - TMN | 0,003 | 0,003 | 0,003 | 0,004 | 0,003 | 0,000 | 13,3 |
| 1,2,4 - TMN | 0,006 | 0,007 | 0,007 | 0,007 | 0,007 | 0,001 | 12,9 |
| 1,2,5 - TMN | 0,034 | 0,041 | 0,040 | 0,042 | 0,039 | 0,004 | 9,2 |
| Ph | 0,028 | 0,034 | 0,033 | 0,033 | 0,032 | 0,003 | 9,0 |
| 3-MP | 0,015 | 0,016 | 0,016 | 0,018 | 0,016 | 0,001 | 7,6 |
| 2-MP | 0,017 | 0,018 | 0,018 | 0,022 | 0,019 | 0,002 | 12,1 |
| 9-MP | 0,027 | 0,024 | 0,024 | 0,026 | 0,025 | 0,002 | 7,0 |
| 1-MP | 0,013 | 0,014 | 0,014 | 0,016 | 0,015 | 0,001 | 9,0 |
| D | 0,002 | 0,002 | 0,002 | 0,002 | 0,002 | 0,000 | 9,7 |
| 4-MDBT | 0,004 | 0,004 | 0,004 | 0,004 | 0,004 | 0,000 | 3,1 |
| 2 + 3 - MDBT | 0,002 | 0,002 | 0,002 | 0,002 | 0,002 | 0,000 | 5,8 |
| 1 - MDBT | 0,001 | 0,001 | 0,001 | 0,001 | 0,001 | 0,000 | 9,1 |

Idem Quadro 11.

**Tabela AC.** Razões de diagnóstico obtidas a partir de petróleo bruto AC.

| RDs | AC1 | AC2 | AC3 | AC4 | Baile de finalistas | SDs | DER |
|---|---|---|---|---|---|---|---|
| P/F | 2,201 | 2,047 | 2,228 | 1,815 | 2,073 | 0,189 | 9,1 |
| $P/n\text{-}C_{17}$ | 0,379 | 0,356 | 0,350 | 0,329 | 0,353 | 0,021 | 5,9 |
| $F/n\text{-}C_{18}$ | 0,192 | 0,198 | 0,179 | 0,220 | 0,197 | 0,017 | 8,6 |

| RAs | BI1 | BI2 | BI3 | BI4 | Médias | SDs | DER |
|---|---|---|---|---|---|---|---|
| $_2$n-C $_{9/-Cj7}$ | 0,442 | 0,500 | 0,486 | 0,587 | 0,503 | 0,061 | 12,1 |
| H29/H30 | 0,994 | 0,858 | 0,793 | 0,798 | 0,861 | 0,094 | 10,9 |
| 10 x G30/G30 x C30 | 0,087 | 0,074 | 0,074 | 0,089 | 0,081 | 0,008 | 10,0 |
| M30/H30 | 0,290 | 0,219 | 0,247 | 0,257 | 0,253 | 0,029 | 11,5 |
| % S27 | 31,70 | 32,98 | 36,61 | 32,31 | 33,40 | 2,204 | 6,6 |
| % S28 | 15,92 | 17,71 | 17,00 | 16,05 | 16,67 | 0,843 | 5,1 |
| % S29 | 52,38 | 49,31 | 46,39 | 51,64 | 49,93 | 2,697 | 5,4 |
| D27/S27 | 0,623 | 0,590 | 0,583 | 0,583 | 0,595 | 0,019 | 3,2 |
| IMP | 0,690 | 0,723 | 0,733 | 0,784 | 0,732 | 0,039 | 5,3 |
| Rc | 0,820 | 0,837 | 0,843 | 0,871 | 0,843 | 0,021 | 2,5 |
| % 4-MeDBT | 55,05 | 58,14 | 57,76 | 55,83 | 56,70 | 1,492 | 2,6 |
| % 2+3-MeDBT | 30,73 | 28,68 | 28,80 | 29,43 | 29,41 | 0,937 | 3,2 |
| % 1-MeDBT | 14,22 | 13,18 | 13,44 | 14,75 | 13,89 | 0,721 | 5,2 |
| DBT/Ph | 0,061 | 0,062 | 0,062 | 0,061 | 0,062 | 0,001 | 0,9 |

Idem Quadro 12.

Tabela BI. Desvios-padrão relativos obtidos a partir das abundâncias relativas do petróleo bruto BI.

| RAs | BI1 | BI2 | BI3 | BI4 | Médias | SDs | DER |
|---|---|---|---|---|---|---|---|
| n-C9 | 0,056 | 0,053 | 0,057 | - | 0,055 | 0,002 | 3,2 |
| n-C10 | 0,092 | 0,086 | 0,076 | - | 0,084 | 0,008 | 9,6 |
| n-C11 | 0,102 | 0,096 | 0,084 | - | 0,094 | 0,009 | 10,0 |
| n-C12 | 0,094 | 0,086 | 0,097 | - | 0,092 | 0,006 | 6,3 |
| n-C13 | 0,085 | 0,083 | 0,094 | - | 0,087 | 0,006 | 7,0 |
| n-C14 | 0,077 | 0,077 | 0,083 | - | 0,079 | 0,004 | 4,6 |
| n-C15 | 0,068 | 0,070 | 0,074 | - | 0,071 | 0,003 | 3,9 |
| n-C16 | 0,062 | 0,063 | 0,067 | - | 0,064 | 0,002 | 3,5 |
| n-C17 | 0,054 | 0,055 | 0,056 | - | 0,055 | 0,001 | 1,7 |
| P | 0,011 | 0,011 | 0,011 | - | 0,011 | 0,000 | 2,9 |
| n-C18 | 0,045 | 0,049 | 0,050 | - | 0,048 | 0,002 | 5,1 |
| F | 0,005 | 0,005 | 0,006 | - | 0,005 | 0,000 | 1,6 |
| n-C19 | 0,041 | 0,043 | 0,043 | - | 0,042 | 0,001 | 3,0 |
| n-C20 | 0,036 | 0,039 | 0,037 | - | 0,037 | 0,002 | 4,1 |
| n-C21 | 0,031 | 0,033 | 0,033 | - | 0,032 | 0,001 | 3,6 |
| n-C22 | 0,029 | 0,031 | 0,028 | - | 0,029 | 0,001 | 4,5 |
| n-C23 | 0,023 | 0,025 | 0,023 | - | 0,024 | 0,001 | 4,1 |
| n-C24 | 0,021 | 0,023 | 0,020 | - | 0,021 | 0,001 | 6,3 |
| n-C25 | 0,017 | 0,019 | 0,015 | - | 0,017 | 0,002 | 10,3 |
| n-C26 | 0,014 | 0,016 | 0,013 | - | 0,014 | 0,001 | 9,9 |
| n-C27 | 0,011 | 0,012 | 0,009 | - | 0,011 | 0,001 | 13,0 |
| n-C28 | 0,010 | 0,012 | 0,010 | - | 0,011 | 0,001 | 8,9 |
| n-C29 | 0,009 | 0,009 | 0,008 | - | 0,008 | 0,001 | 7,9 |
| n-C30 | 0,005 | 0,005 | 0,005 | - | 0,005 | 0,000 | 4,8 |
| T19 | 0,000 | 0,000 | 0,000 | - | 0,000 | 0,000 | - |
| T20 | 0,000 | 0,000 | 0,000 | - | 0,000 | 0,000 | - |
| T21 | 0,000 | 0,000 | 0,000 | - | 0,000 | 0,000 | - |
| T23 | 0,000 | 0,000 | 0,000 | - | 0,000 | 0,000 | - |
| T24 | 0,000 | 0,000 | 0,000 | - | 0,000 | 0,000 | - |
| T25 | 0,000 | 0,000 | 0,000 | - | 0,000 | 0,000 | - |
| T26(R) | 0,000 | 0,000 | 0,000 | - | 0,000 | 0,000 | - |
| T26(S) | 0,000 | 0,000 | 0,000 | - | 0,000 | 0,000 | - |
| Ts | 0,000 | 0,000 | 0,000 | - | 0,000 | 0,000 | - |
| Tm | 0,225 | 0,210 | 0,193 | - | 0,210 | 0,016 | 7,5 |
| H29 | 0,403 | 0,379 | 0,391 | - | 0,391 | 0,012 | 3,1 |
| H30 | 0,241 | 0,268 | 0,257 | - | 0,255 | 0,014 | 5,4 |
| M30 | 0,054 | 0,056 | 0,061 | - | 0,057 | 0,004 | 6,9 |
| H31(S) | 0,033 | 0,039 | 0,043 | - | 0,038 | 0,005 | 12,4 |
| H31(R) | 0,045 | 0,047 | 0,055 | - | 0,049 | 0,005 | 10,9 |
| G30 | 0,000 | 0,000 | 0,000 | - | 0,000 | 0,000 | - |
| H32(S) | 0,000 | 0,000 | 0,000 | - | 0,000 | 0,000 | - |
| H32(R) | 0,000 | 0,000 | 0,000 | - | 0,000 | 0,000 | - |
| H33(S) | 0,000 | 0,000 | 0,000 | - | 0,000 | 0,000 | - |
| H33(R) | 0,000 | 0,000 | 0,000 | - | 0,000 | 0,000 | - |
| S20 | 0,000 | 0,000 | 0,000 | - | 0,000 | 0,000 | - |
| S21 | 0,000 | 0,000 | 0,000 | - | 0,000 | 0,000 | - |
| S22 | 0,000 | 0,000 | 0,000 | - | 0,000 | 0,000 | - |
| D27(βs) | 0,000 | 0,000 | 0,000 | - | 0,000 | 0,000 | - |
| D27(βr) | 0,000 | 0,000 | 0,000 | - | 0,000 | 0,000 | - |
| D27(αs) | 0,000 | 0,000 | 0,000 | - | 0,000 | 0,000 | - |
| D27(ar) | 0,000 | 0,000 | 0,000 | - | 0,000 | 0,000 | - |
| S27(as) | 0,000 | 0,000 | 0,000 | - | 0,000 | 0,000 | - |
| S27(βr) | 0,000 | 0,000 | 0,000 | - | 0,000 | 0,000 | - |
| S27(βs) | 0,000 | 0,000 | 0,000 | - | 0,000 | 0,000 | - |
| S27(ar) | 0,340 | 0,325 | 0,319 | - | 0,328 | 0,011 | 3,2 |
| S28(as) | 0,000 | 0,000 | 0,000 | - | 0,000 | 0,000 | - |

| | | | | | | | |
|---|---|---|---|---|---|---|---|
| $s_{28}(\beta r)$ | 0,000 | 0,000 | 0,000 | - | 0,000 | 0,000 | - |
| $s_{28}(\beta s)$ | 0,000 | 0,000 | 0,000 | - | 0,000 | 0,000 | - |
| $s_{28}(ar)$ | 0,377 | 0,362 | 0,377 | - | 0,372 | 0,009 | 2,3 |
| $s_{29}(as)$ | 0,121 | 0,136 | 0,130 | - | 0,129 | 0,008 | 6,1 |
| $s_{29}(\beta r)$ | 0,000 | 0,000 | 0,000 | - | 0,000 | 0,000 | - |
| $s_{29}(\beta s)$ | 0,000 | 0,000 | 0,000 | - | 0,000 | 0,000 | - |
| $s_{29}(ar)$ | 0,162 | 0,177 | 0,174 | - | 0,171 | 0,008 | 4,4 |
| N | 0,144 | 0,146 | 0,124 | - | 0,138 | 0,012 | 8,8 |
| 2-MN | 0,159 | 0,151 | 0,164 | - | 0,158 | 0,007 | 4,3 |
| 1-MN | 0,111 | 0,109 | 0,107 | - | 0,109 | 0,002 | 1,7 |
| 2-PT | 0,016 | 0,016 | 0,017 | - | 0,016 | 0,001 | 5,1 |
| 1-PT | 0,010 | 0,012 | 0,011 | - | 0,011 | 0,001 | 8,6 |
| 2.6 + 2.7 - DMN | 0,064 | 0,069 | 0,073 | - | 0,069 | 0,005 | 6,8 |
| 1.3 + 1.7 - DMN | 0,058 | 0,053 | 0,058 | - | 0,057 | 0,003 | 5,0 |
| 1,6 - DMN | 0,050 | 0,046 | 0,053 | - | 0,049 | 0,004 | 7,4 |
| 1,4 + 2,3 - DMN | 0,038 | 0,038 | 0,044 | - | 0,040 | 0,004 | 9,1 |
| 1,5 - DMN | 0,012 | 0,013 | 0,015 | - | 0,014 | 0,001 | 9,0 |
| 1,2 - DMN | 0,025 | 0,028 | 0,028 | - | 0,027 | 0,002 | 6,7 |
| 1,3,7 - TMN | 0,020 | 0,023 | 0,024 | - | 0,023 | 0,002 | 9,9 |
| 1,3,6 - TMN | 0,040 | 0,040 | 0,039 | - | 0,040 | 0,000 | 1,1 |
| 1,3,5 + 1,4,6 - TMN | 0,017 | 0,021 | 0,020 | - | 0,019 | 0,002 | 10,6 |
| 2,3,6 - TMN | 0,011 | 0,010 | 0,013 | - | 0,011 | 0,001 | 10,6 |
| 1,2,7 + 1,6,7 - TMN | 0,015 | 0,014 | 0,015 | - | 0,015 | 0,000 | 2,7 |
| 1,2,6 - TMN | 0,006 | 0,006 | 0,007 | - | 0,006 | 0,000 | 7,9 |
| 1,2,4 - TMN | 0,004 | 0,004 | 0,003 | - | 0,004 | 0,001 | 14,2 |
| 1,2,5 - TMN | 0,038 | 0,035 | 0,037 | - | 0,037 | 0,002 | 5,2 |
| Ph | 0,063 | 0,061 | 0,050 | - | 0,058 | 0,007 | 12,1 |
| 3-MP | 0,024 | 0,029 | 0,029 | - | 0,028 | 0,003 | 10,1 |
| 2-MP | 0,034 | 0,035 | 0,029 | - | 0,033 | 0,003 | 9,4 |
| 9-MP | 0,019 | 0,017 | 0,020 | - | 0,019 | 0,001 | 7,4 |
| 1-MP | 0,013 | 0,012 | 0,011 | - | 0,012 | 0,001 | 9,0 |
| D | 0,004 | 0,004 | 0,003 | - | 0,004 | 0,000 | 10,2 |
| 4-MDBT | 0,003 | 0,003 | 0,003 | - | 0,003 | 0,000 | 3,5 |
| 2 + 3 - MDBT | 0,002 | 0,002 | 0,002 | - | 0,002 | 0,000 | 4,6 |
| 1 - MDBT | 0,001 | 0,001 | 0,001 | - | 0,001 | 0,000 | 9,9 |

Idem Quadro 11.

Tabela BI. Rácios de diagnóstico obtidos a partir de BI em bruto.

| RDs | BI1 | BI2 | BI3 | BI4 | Baile de finalistas | SDs | DER |
|---|---|---|---|---|---|---|---|
| P/F | 1,955 | 2,056 | 2,043 | - | 2,018 | 0,055 | 2,7 |
| $PZn-C_{17}$ | 0,195 | 0,198 | 0,200 | - | 0,198 | 0,002 | 1,3 |
| $FZn-C_{18}$ | 0,120 | 0,109 | 0,110 | - | 0,113 | 0,006 | 5,3 |
| $_2n-C\,9/n-C_{17}$ | 0,160 | 0,164 | 0,138 | - | 0,154 | 0,014 | 9,1 |
| $H29/H30$ | 1,674 | 1,414 | 1,523 | - | 1,537 | 0,131 | 8,5 |
| $10 \times G30/G30 \times C30$ | 0,223 | 0,210 | 0,239 | - | 0,224 | 0,015 | 6,5 |
| $M30/H30$ | 0,000 | 0,000 | 0,000 | - | 0,000 | 0,000 | #DIV/0! |
| % $S_{27}$ | 33,96 | 32,46 | 31,92 | - | 32,78 | 1,056 | 3,2 |
| % $S_{28}$ | 37,74 | 36,25 | 37,74 | - | 37,24 | 0,861 | 2,3 |
| % $S_{29}$ | 28,30 | 31,29 | 30,35 | - | 29,98 | 1,529 | 5,1 |
| $D27/S27$ | 0,000 | 0,000 | 0,000 | - | 0,000 | 0,000 | #DIV/0! |
| IMP | 0,913 | 1,069 | 1,080 | - | 1,021 | 0,094 | 9,2 |
| Rc | 0,942 | 1,028 | 1,034 | - | 1,001 | 0,052 | 5,1 |
| % 4-MeDBT | 50,24 | 50,12 | 50,36 | - | 50,24 | 0,119 | 0,2 |
| % 2+3-MeDBT | 33,73 | 33,88 | 31,31 | - | 32,97 | 1,440 | 4,4 |
| % 1-MeDBT | 16,04 | 16,00 | 18,33 | - | 16,79 | 1,335 | 8,0 |
| DBTZPh | 0,060 | 0,063 | 0,063 | - | 0,062 | 0,002 | 3,0 |

Idem Quadro 12.

Tabela BM. Desvios-padrão relativos obtidos a partir das abundâncias relativas do petróleo bruto BM.

| RAs | BM1 | BM2 | BM3 | BM4 | Médias | SDs | DER |
|---|---|---|---|---|---|---|---|
| $n-C9$ | 0,121 | 0,112 | - | - | 0,117 | 0,007 | 5,9 |
| $n-C10$ | 0,118 | 0,104 | - | - | 0,111 | 0,010 | 8,7 |
| $n-C11$ | 0,108 | 0,102 | - | - | 0,105 | 0,004 | 3,8 |
| $n-C12$ | 0,091 | 0,089 | - | - | 0,090 | 0,001 | 1,5 |
| $n-C13$ | 0,078 | 0,079 | - | - | 0,078 | 0,001 | 0,9 |
| $n-C14$ | 0,068 | 0,069 | - | - | 0,068 | 0,000 | 0,3 |
| $n-C15$ | 0,058 | 0,061 | - | - | 0,060 | 0,002 | 3,9 |
| $n-C16$ | 0,053 | 0,055 | - | - | 0,054 | 0,002 | 3,0 |
| $n-C17$ | 0,045 | 0,048 | - | - | 0,047 | 0,002 | 3,8 |
| P | 0,009 | 0,009 | - | - | 0,009 | 0,000 | 2,3 |
| $n-C18$ | 0,039 | 0,042 | - | - | 0,040 | 0,002 | 5,5 |

|  | | | | | | | |
|---|---|---|---|---|---|---|---|
| F | 0,005 | 0,005 | - | - | 0,005 | 0,000 | 0,1 |
| $n\text{-}C_{19}$ | 0,034 | 0,037 | - | - | 0,035 | 0,002 | 6,4 |
| $n\text{-}C_{20}$ | 0,031 | 0,034 | - | - | 0,032 | 0,002 | 6,6 |
| $n\text{-}C_{21}$ | 0,028 | 0,029 | - | - | 0,028 | 0,001 | 4,8 |
| $n\text{-}C_{22}$ | 0,024 | 0,027 | - | - | 0,025 | 0,002 | 6,4 |
| $n\text{-}C_{23}$ | 0,020 | 0,022 | - | - | 0,021 | 0,001 | 7,0 |
| $n\text{-}C_{24}$ | 0,017 | 0,020 | - | - | 0,018 | 0,002 | 10,9 |
| $n\text{-}C_{25}$ | 0,015 | 0,016 | - | - | 0,016 | 0,000 | 1,8 |
| $n\text{-}C_{26}$ | 0,012 | 0,013 | - | - | 0,012 | 0,001 | 6,8 |
| $n\text{-}C_{27}$ | 0,008 | 0,008 | - | - | 0,008 | 0,000 | 0,3 |
| $n\text{-}C_{28}$ | 0,007 | 0,008 | - | - | 0,008 | 0,001 | 9,9 |
| $n\text{-}C_{29}$ | 0,006 | 0,006 | - | - | 0,006 | 0,000 | 0,7 |
| $n\text{-}C_{30}$ | 0,005 | 0,005 | - | - | 0,005 | 0,000 | 0,6 |
| $T_{19}$ | 0,000 | 0,000 | - | - | 0,000 | 0,000 | - |
| $T_{20}$ | 0,000 | 0,000 | - | - | 0,000 | 0,000 | - |
| $T_{21}$ | 0,000 | 0,000 | - | - | 0,000 | 0,000 | - |
| $T_{23}$ | 0,000 | 0,000 | - | - | 0,000 | 0,000 | - |
| $T_{24}$ | 0,000 | 0,000 | - | - | 0,000 | 0,000 | - |
| $T_{25}$ | 0,000 | 0,000 | - | - | 0,000 | 0,000 | - |
| $T_{26}(R)$ | 0,000 | 0,000 | - | - | 0,000 | 0,000 | - |
| $T_{26}(S)$ | 0,000 | 0,000 | - | - | 0,000 | 0,000 | - |
| Ts | 0,000 | 0,000 | - | - | 0,000 | 0,000 | - |
| Tm | 0,244 | 0,237 | - | - | 0,240 | 0,005 | 2,0 |
| $H_{29}$ | 0,326 | 0,320 | - | - | 0,323 | 0,004 | 1,4 |
| $H_{30}$ | 0,291 | 0,292 | - | - | 0,291 | 0,000 | 0,1 |
| $M_{30}$ | 0,048 | 0,052 | - | - | 0,050 | 0,003 | 5,1 |
| $H_{31}(S)$ | 0,044 | 0,050 | - | - | 0,047 | 0,005 | 9,9 |
| $H_{31}(R)$ | 0,047 | 0,049 | - | - | 0,048 | 0,002 | 3,7 |
| $G_{30}$ | 0,000 | 0,000 | - | - | 0,000 | 0,000 | - |
| $H_{32}(S)$ | 0,000 | 0,000 | - | - | 0,000 | 0,000 | - |
| $H_{32}(R)$ | 0,000 | 0,000 | - | - | 0,000 | 0,000 | - |
| $H_{33}(S)$ | 0,000 | 0,000 | - | - | 0,000 | 0,000 | - |
| $H_{33}(R)$ | 0,000 | 0,000 | - | - | 0,000 | 0,000 | - |
| $S_{20}$ | 0,000 | 0,000 | - | - | 0,000 | 0,000 | - |
| $S_{21}$ | 0,000 | 0,000 | - | - | 0,000 | 0,000 | - |
| $S_{22}$ | 0,000 | 0,000 | - | - | 0,000 | 0,000 | - |
| $D_{27}(\beta s)$ | 0,000 | 0,000 | - | - | 0,000 | 0,000 | - |
| $D_{27}(\beta r)$ | 0,000 | 0,000 | - | - | 0,000 | 0,000 | - |
| $D_{27}(\alpha s)$ | 0,000 | 0,000 | - | - | 0,000 | 0,000 | - |
| $D_{27}(ar)$ | 0,000 | 0,000 | - | - | 0,000 | 0,000 | - |
| $S_{27}(as)$ | 0,000 | 0,000 | - | - | 0,000 | 0,000 | - |
| $S_{27}(\beta r)$ | 0,000 | 0,000 | - | - | 0,000 | 0,000 | - |
| $S_{27}(\beta s)$ | 0,000 | 0,000 | - | - | 0,000 | 0,000 | - |
| $S_{27}(ar)$ | 0,314 | 0,338 | - | - | 0,326 | 0,017 | - |
| $S_{28}(as)$ | 0,000 | 0,000 | - | - | 0,000 | 0,000 | - |
| $S_{28}(\beta r)$ | 0,000 | 0,000 | - | - | 0,000 | 0,000 | - |
| $S_{28}(\beta s)$ | 0,000 | 0,000 | - | - | 0,000 | 0,000 | - |
| $S_{28}(ar)$ | 0,368 | 0,369 | - | - | 0,368 | 0,001 | 0,2 |
| $S_{29}(as)$ | 0,133 | 0,121 | - | - | 0,127 | 0,009 | 7,0 |
| $S_{29}(\beta r)$ | 0,000 | 0,000 | - | - | 0,000 | 0,000 | - |
| $S_{29}(\beta s)$ | 0,000 | 0,000 | — | 0,000 |  | 0,000 | - |
| $S_{29}(\alpha r)$ | 0,185 | 0,173 | - | - | 0,179 | 0,009 | 4,9 |
| N | 0,154 | 0,149 | - | - | 0,151 | 0,004 | 2,4 |
| 2-MN | 0,163 | 0,163 | - | - | 0,163 | 0,000 | 0,1 |
| 1-MN | 0,123 | 0,122 | - | - | 0,122 | 0,001 | 0,7 |
| 2-PT | 0,016 | 0,017 | - | - | 0,016 | 0,000 | 3,0 |
| 1-PT | 0,011 | 0,011 | - | - | 0,011 | 0,000 | 1,5 |
| 2,6 + 2,7 - DMN | 0,081 | 0,083 | - | - | 0,082 | 0,002 | 1,9 |
| 1,3 + 1,7 - DMN | 0,070 | 0,071 | - | - | 0,070 | 0,001 | 1,0 |
| 1,6 - DMN | 0,055 | 0,056 | - | - | 0,055 | 0,001 | 1,7 |
| 1,4 + 2,3 - DMN | 0,039 | 0,040 | - | - | 0,040 | 0,000 | 0,7 |
| 1,5 - DMN | 0,013 | 0,013 | - | - | 0,013 | 0,000 | 1,8 |
| 1,2 - DMN | 0,028 | 0,028 | - | - | 0,028 | 0,000 | 0,5 |
| 1,3,7 - TMN | 0,023 | 0,024 | - | - | 0,023 | 0,001 | 3,3 |
| 1,3,6 - TMN | 0,045 | 0,047 | - | - | 0,046 | 0,001 | 2,1 |
| 1,3,5 + 1,4,6 - TMN | 0,023 | 0,023 | - | - | 0,023 | 0,000 | 1,4 |
| 2,3,6 - TMN | 0,011 | 0,011 | - | - | 0,011 | 0,000 | 0,7 |
| 1,2,7 + 1,6,7 - TMN | 0,017 | 0,017 | - | - | 0,017 | 0,000 | 1,1 |
| 1,2,6 - TMN | 0,008 | 0,008 | - | - | 0,008 | 0,000 | 5,3 |
| 1,2,4 - TMN | 0,005 | 0,006 | - | - | 0,006 | 0,000 | 1,5 |
| 1,2,5 - TMN | 0,045 | 0,045 | - | - | 0,045 | 0,000 | 0,0 |
| Ph | 0,027 | 0,027 | - | - | 0,027 | 0,000 | 0,3 |
| 3-MP | 0,010 | 0,009 | - | - | 0,010 | 0,001 | 5,5 |

| | | | | | | | |
|---|---|---|---|---|---|---|---|
| **2-MP** | 0,012 | 0,012 | - | - | 0,012 | 0,000 | 1,0 |
| **9-MP** | 0,009 | 0,008 | - | - | 0,008 | 0,001 | 11,7 |
| **1-MP** | 0,005 | 0,005 | - | - | 0,005 | 0,000 | 5,2 |
| **D** | 0,003 | 0,003 | - | - | 0,003 | 0,000 | 10,8 |
| **4-MDBT** | 0,002 | 0,002 | - | - | 0,002 | 0,000 | 4,7 |
| **2 + 3 - MDBT** | 0,001 | 0,001 | - | - | 0,001 | 0,000 | 2,9 |
| **1 - MDBT** | 0,001 | 0,001 | - | - | 0,001 | 0,000 | 8,8 |

Idem Quadro 11.

Tabela BM. Razões de diagnóstico obtidas do petróleo bruto BM.

| RDs | BM1 | BM2 | BM3 | BM4 | Baile de finalistas | SDs | DER |
|---|---|---|---|---|---|---|---|
| **PZF** | 1,848 | 1,905 | - | - | 1,877 | 0,040 | 2,1 |
| P/n-C17 | 0,200 | 0,196 | - | - | 0,198 | 0,003 | 1,6 |
| FZn-Cxs | 0,127 | 0,117 | - | - | 0,122 | 0,007 | 5,4 |
| n-C29/n-C17 | 0,136 | 0,127 | - | - | 0,132 | 0,006 | 4,6 |
| H29/H30 | 1,121 | 1,098 | - | - | 1,109 | 0,016 | 1,5 |
| **10 x** G3o/G3o X C30 | 0,165 | 0,177 | - | - | 0,171 | 0,009 | 5,0 |
| M3o/H3o | 0,000 | 0,000 | - | - | 0,000 | 0,000 | - |
| **% S27** | 31,36 | 33,77 | - | - | 32,56 | 1,702 | 5,2 |
| **% S28** | 36,80 | 36,90 | - | - | 36,85 | 0,065 | 0,2 |
| **% S29** | 31,84 | 29,34 | - | - | 30,59 | 1,766 | 5,8 |
| %D27 27 | 0,000 | 0,000 | - | - | 0,000 | 0,000 | - |
| **IMP** | 0,803 | 0,819 | - | - | 0,811 | 0,012 | 1,4 |
| **Rc** | 0,882 | 0,891 | - | - | 0,886 | 0,006 | 0,7 |
| **% 4-MeDBT** | 51,83 | 51,94 | - | - | 51,89 | 0,075 | 0,1 |
| **% 2+3-MeDBT** | 30,85 | 31,69 | - | - | 31,27 | 0,600 | 1,9 |
| **% 1-MeDBT** | 17,32 | 16,37 | - | - | 16,84 | 0,675 | 4,0 |
| **DBTZPh** | 0,119 | 0,103 | - | - | 0,111 | 0,012 | 10,5 |

Idem Quadro 12.

Tabela BS. Desvio-padrão relativo obtido a partir das abundâncias relativas do petróleo bruto BS.

| RAs | BS1 | BS2 | BS3 | BS4 | Médias | SDs | DER |
|---|---|---|---|---|---|---|---|
| n-C9 | 0,148 | 0,136 | 0,166 | 0,132 | 0,145 | 0,015 | 10,4 |
| n-C10 | 0,145 | 0,137 | 0,141 | 0,127 | 0,138 | 0,008 | 5,8 |
| n-C11 | 0,129 | 0,123 | 0,110 | 0,117 | 0,120 | 0,008 | 6,8 |
| n-C12 | 0,098 | 0,097 | 0,089 | 0,096 | 0,095 | 0,004 | 4,2 |
| n-C13 | 0,078 | 0,077 | 0,076 | 0,081 | 0,078 | 0,002 | 2,9 |
| n-C14 | 0,060 | 0,062 | 0,061 | 0,066 | 0,063 | 0,003 | 4,2 |
| n-C15 | 0,051 | 0,054 | 0,052 | 0,059 | 0,054 | 0,003 | 6,1 |
| n-C16 | 0,048 | 0,046 | 0,048 | 0,051 | 0,048 | 0,002 | 3,8 |
| n-C17 | 0,036 | 0,040 | 0,040 | 0,044 | 0,040 | 0,004 | 8,9 |
| P | 0,006 | 0,007 | 0,007 | 0,008 | 0,007 | 0,000 | 6,8 |
| n-C18 | 0,031 | 0,035 | 0,034 | 0,037 | 0,034 | 0,003 | 7,9 |
| F | 0,004 | 0,004 | 0,004 | 0,004 | 0,004 | 0,000 | 7,1 |
| n-C19 | 0,028 | 0,031 | 0,029 | 0,031 | 0,030 | 0,001 | 4,9 |
| n-C20 | 0,025 | 0,028 | 0,026 | 0,029 | 0,027 | 0,002 | 6,5 |
| n-C21 | 0,022 | 0,024 | 0,023 | 0,025 | 0,024 | 0,001 | 5,8 |
| n-C22 | 0,020 | 0,022 | 0,020 | 0,021 | 0,020 | 0,001 | 4,3 |
| n-C23 | 0,016 | 0,018 | 0,015 | 0,018 | 0,017 | 0,002 | 9,9 |
| n-C24 | 0,014 | 0,016 | 0,016 | 0,015 | 0,015 | 0,001 | 7,1 |
| n-C25 | 0,012 | 0,012 | 0,013 | 0,012 | 0,012 | 0,001 | 5,3 |
| n-C26 | 0,009 | 0,010 | 0,010 | 0,008 | 0,009 | 0,001 | 8,7 |
| n-C27 | 0,007 | 0,007 | 0,006 | 0,005 | 0,006 | 0,001 | 9,2 |
| n-C28 | 0,006 | 0,006 | 0,006 | 0,005 | 0,005 | 0,000 | 7,7 |
| n-C29 | 0,004 | 0,004 | 0,004 | 0,004 | 0,004 | 0,000 | 5,4 |
| n-C30 | 0,005 | 0,005 | 0,004 | 0,004 | 0,004 | 0,000 | 8,9 |
| T19 | 0,000 | 0,000 | 0,000 | 0,000 | 0,000 | 0,000 | - |
| T20 | 0,000 | 0,000 | 0,000 | 0,000 | 0,000 | 0,000 | - |
| T21 | 0,000 | 0,000 | 0,000 | 0,000 | 0,000 | 0,000 | - |
| T23 | 0,000 | 0,000 | 0,000 | 0,000 | 0,000 | 0,000 | - |
| T24 | 0,000 | 0,000 | 0,000 | 0,000 | 0,000 | 0,000 | - |
| T25 | 0,000 | 0,000 | 0,000 | 0,000 | 0,000 | 0,000 | - |
| T26(R) | 0,000 | 0,000 | 0,000 | 0,000 | 0,000 | 0,000 | - |
| T26(S) | 0,000 | 0,000 | 0,000 | 0,000 | 0,000 | 0,000 | - |
| Ts | 0,000 | 0,000 | 0,000 | 0,000 | 0,000 | 0,000 | - |
| Tm | 0,161 | 0,150 | 0,147 | 0,150 | 0,152 | 0,006 | 4,1 |
| H29 | 0,425 | 0,449 | 0,408 | 0,413 | 0,424 | 0,018 | 4,3 |
| H30 | 0,286 | 0,274 | 0,308 | 0,300 | 0,292 | 0,015 | 5,1 |
| M30 | 0,056 | 0,053 | 0,065 | 0,061 | 0,059 | 0,006 | 9,4 |
| H31(S) | 0,034 | 0,035 | 0,037 | 0,041 | 0,037 | 0,003 | 7,9 |
| H31(R) | 0,038 | 0,039 | 0,034 | 0,035 | 0,036 | 0,002 | 6,0 |
| G30 | 0,000 | 0,000 | 0,000 | 0,000 | 0,000 | 0,000 | - |

| RDs | BS1 | BS2 | BS3 | BS4 | Baile de finalistas | SDs | DER |
|---|---|---|---|---|---|---|---|
| $H_{32}(S)$ | 0,000 | 0,000 | 0,000 | 0,000 | 0,000 | 0,000 | - |
| $H_{32}(R)$ | 0,000 | 0,000 | 0,000 | 0,000 | 0,000 | 0,000 | - |
| $H_{33}(S)$ | 0,000 | 0,000 | 0,000 | 0,000 | 0,000 | 0,000 | - |
| $H_{33}(R)$ | 0,000 | 0,000 | 0,000 | 0,000 | 0,000 | 0,000 | - |
| $S_{20}$ | 0,000 | 0,000 | 0,000 | 0,000 | 0,000 | 0,000 | - |
| $S_{21}$ | 0,000 | 0,000 | 0,000 | 0,000 | 0,000 | 0,000 | - |
| $S_{22}$ | 0,000 | 0,000 | 0,000 | 0,000 | 0,000 | 0,000 | - |
| $D_{27}(\beta s)$ | 0,000 | 0,000 | 0,000 | 0,000 | 0,000 | 0,000 | - |
| $D_{27}(\beta r)$ | 0,000 | 0,000 | 0,000 | 0,000 | 0,000 | 0,000 | - |
| $D_{27}(as)$ | 0,000 | 0,000 | 0,000 | 0,000 | 0,000 | 0,000 | - |
| $D_{27}(ar)$ | 0,000 | 0,000 | 0,000 | 0,000 | 0,000 | 0,000 | - |
| $S_{27}(as)$ | 0,000 | 0,000 | 0,000 | 0,000 | 0,000 | 0,000 | - |
| $S_{27}(\beta r)$ | 0,000 | 0,000 | 0,000 | 0,000 | 0,000 | 0,000 | - |
| $S_{27}(\beta s)$ | 0,000 | 0,000 | 0,000 | 0,000 | 0,000 | 0,000 | - |
| $S_{27}(ar)$ | 0,328 | 0,330 | 0,306 | 0,309 | 0,318 | 0,013 | 4,0 |
| $S_{28}(as)$ | 0,000 | 0,000 | 0,000 | 0,000 | 0,000 | 0,000 | - |
| $S_{28}(\beta r)$ | 0,000 | 0,000 | 0,000 | 0,000 | 0,000 | 0,000 | - |
| $S_{28}(\beta s)$ | 0,000 | 0,000 | 0,000 | 0,000 | 0,000 | 0,000 | - |
| $S_{28}(ar)$ | 0,376 | 0,356 | 0,369 | 0,384 | 0,371 | 0,012 | 3,2 |
| $S_{29}(as)$ | 0,120 | 0,132 | 0,134 | 0,123 | 0,127 | 0,007 | 5,4 |
| $S_{29}(\beta r)$ | 0,000 | 0,000 | 0,000 | 0,000 | 0,000 | 0,000 | - |
| $S_{29}(\beta s)$ | 0,000 | 0,000 | 0,000 | 0,000 | 0,000 | 0,000 | - |
| $S_{29}(ar)$ | 0,176 | 0,182 | 0,192 | 0,185 | 0,184 | 0,007 | 3,5 |
| N | 0,166 | 0,181 | 0,163 | 0,167 | 0,169 | 0,008 | 4,7 |
| 2-MN | 0,174 | 0,173 | 0,155 | 0,157 | 0,165 | 0,010 | 6,2 |
| 1-MN | 0,132 | 0,133 | 0,114 | 0,125 | 0,126 | 0,009 | 7,2 |
| 2-PT | 0,016 | 0,015 | 0,015 | 0,013 | 0,015 | 0,001 | 7,2 |
| 1-PT | 0,012 | 0,011 | 0,013 | 0,011 | 0,012 | 0,001 | 6,1 |
| 2.6 + 2.7 - DMN | 0,075 | 0,074 | 0,085 | 0,074 | 0,077 | 0,006 | 7,3 |
| 1.3 + 1.7 - DMN | 0,065 | 0,064 | 0,070 | 0,067 | 0,066 | 0,003 | 3,8 |
| 1,6 - DMN | 0,053 | 0,053 | 0,062 | 0,057 | 0,056 | 0,004 | 7,3 |
| 1,4 + 2,3 - DMN | 0,036 | 0,035 | 0,037 | 0,038 | 0,037 | 0,001 | 2,8 |
| 1,5 - DMN | 0,012 | 0,012 | 0,013 | 0,014 | 0,013 | 0,001 | 6,9 |
| 1,2 - DMN | 0,027 | 0,026 | 0,028 | 0,030 | 0,028 | 0,002 | 6,4 |
| 1,3,7 - TMN | 0,017 | 0,017 | 0,018 | 0,019 | 0,018 | 0,001 | 4,2 |
| 1,3,6 - TMN | 0,042 | 0,038 | 0,048 | 0,046 | 0,044 | 0,004 | 10,3 |
| 1,3,5 + 1,4,6 - TMN | 0,020 | 0,019 | 0,022 | 0,023 | 0,021 | 0,002 | 8,4 |
| 2,3,6 - TMN | 0,010 | 0,011 | 0,011 | 0,011 | 0,011 | 0,000 | 4,6 |
| 1,2,7 + 1,6,7 - TMN | 0,017 | 0,018 | 0,018 | 0,020 | 0,018 | 0,001 | 6,0 |
| 1,2,6 - TMN | 0,009 | 0,009 | 0,010 | 0,011 | 0,010 | 0,001 | 9,1 |
| 1,2,4 - TMN | 0,005 | 0,005 | 0,004 | 0,006 | 0,005 | 0,001 | 10,2 |
| 1,2,5 - TMN | 0,044 | 0,041 | 0,041 | 0,048 | 0,044 | 0,003 | 8,0 |
| Ph | 0,026 | 0,023 | 0,029 | 0,025 | 0,026 | 0,002 | 9,5 |
| 3-MP | 0,011 | 0,009 | 0,009 | 0,011 | 0,010 | 0,001 | 9,6 |
| 2-MP | 0,012 | 0,013 | 0,012 | 0,010 | 0,012 | 0,001 | 8,7 |
| 9-MP | 0,008 | 0,009 | 0,010 | 0,009 | 0,009 | 0,001 | 7,7 |
| 1-MP | 0,005 | 0,006 | 0,006 | 0,006 | 0,006 | 0,000 | 7,7 |
| D | 0,003 | 0,003 | 0,003 | 0,003 | 0,003 | 0,000 | 8,1 |
| 4-MDBT | 0,001 | 0,001 | 0,001 | 0,001 | 0,001 | 0,000 | 4,5 |
| 2 + 3 - MDBT | 0,001 | 0,001 | 0,001 | 0,001 | 0,001 | 0,000 | 7,0 |
| 1 - MDBT | 0,001 | 0,001 | 0,000 | 0,001 | 0,001 | 0,000 | 6,3 |

Idem Quadro 11.

Tabela BS. Razões de diagnóstico obtidas do petróleo bruto BS.

| RDs | BS1 | BS2 | BS3 | BS4 | Baile de finalistas | SDs | DER |
|---|---|---|---|---|---|---|---|
| P/F | 1,761 | 1,746 | 2,065 | 2,044 | 1,904 | 0,174 | 9,1 |
| $P/n\text{-}C_{17}$ | 0,181 | 0,180 | 0,185 | 0,171 | 0,179 | 0,006 | 3,3 |
| $FZn\text{-}C_{js}$ | 0,119 | 0,119 | 0,103 | 0,099 | 0,110 | 0,010 | 9,4 |
| $n\text{-}C_{29}\%\text{-}C_{17}$ | 0,111 | 0,101 | 0,112 | 0,098 | 0,106 | 0,007 | 7,0 |
| $H_{29}/H_{30}$ | 1,485 | 1,639 | 1,328 | 1,378 | 1,458 | 0,138 | 9,5 |
| $10 \times G_{30}/G_{30} \times C_{30}$ | 0,197 | 0,192 | 0,213 | 0,203 | 0,201 | 0,009 | 4,4 |
| $M_{30}/H_{30}$ | 0,000 | 0,000 | 0,000 | 0,000 | 0,000 | 0,000 | - |
| $\%\ S_{27}$ | 32,79 | 33,02 | 30,58 | 30,88 | 31,82 | 1,263 | 4,0 |
| $\%\ S_{28}$ | 37,64 | 35,59 | 36,90 | 38,37 | 37,12 | 1,188 | 3,2 |
| $\%\ S_{29}$ | 29,57 | 31,40 | 32,52 | 30,75 | 31,06 | 1,235 | 4,0 |
| $D_{27}/S_{27}$ | 0,000 | 0,000 | 0,000 | 0,000 | 0,000 | 0,000 | - |
| IMP | 0,873 | 0,844 | 0,713 | 0,784 | 0,804 | 0,071 | 8,8 |
| Rc | 0,920 | 0,904 | 0,832 | 0,871 | 0,882 | 0,039 | 4,4 |
| % 4-MeDBT | 47,51 | 46,75 | 46,17 | 43,89 | 46,08 | 1,559 | 3,4 |
| % 2+3-MeDBT | 27,15 | 28,80 | 31,89 | 31,63 | 29,86 | 2,289 | 7,7 |

| | | | | | | | |
|---|---|---|---|---|---|---|---|
| **% 1-MeDBT** | 25,34 | 24,46 | 21,95 | 24,48 | 24,06 | 1,465 | 6,1 |
| **DBT/Ph** | 0,114 | 0,119 | 0,095 | 0,130 | 0,115 | 0,015 | 12,8 |

Idem Quadro 12.

Tabela CI. Desvios-padrão relativos obtidos a partir das abundâncias relativas do petróleo bruto da CI.

| RAs | CI1 | CI2 | CI3 | CI4 | Médias | SDs | DER |
|---|---|---|---|---|---|---|---|
| n-C9 | 0,081 | 0,075 | - | - | 0,078 | 0,005 | 5,9 |
| n-C10 | 0,084 | 0,080 | - | - | 0,082 | 0,003 | 3,4 |
| n-C11 | 0,081 | 0,078 | - | - | 0,079 | 0,002 | 2,3 |
| n-C12 | 0,082 | 0,076 | - | - | 0,079 | 0,004 | 5,2 |
| n-C13 | 0,074 | 0,071 | - | - | 0,072 | 0,002 | 2,7 |
| n-C14 | 0,066 | 0,066 | - | - | 0,066 | 0,000 | 0,2 |
| II-C15 | 0,063 | 0,063 | - | - | 0,063 | 0,000 | 0,2 |
| n-C16 | 0,058 | 0,059 | - | - | 0,058 | 0,001 | 1,4 |
| n-C17 | 0,053 | 0,054 | - | - | 0,054 | 0,000 | 0,9 |
| P | 0,024 | 0,023 | - | - | 0,024 | 0,000 | 1,7 |
| n-C18 | 0,046 | 0,047 | - | - | 0,047 | 0,001 | 1,6 |
| F | 0,013 | 0,014 | - | - | 0,013 | 0,001 | 4,6 |
| n-C19 | 0,041 | 0,045 | - | - | 0,043 | 0,002 | 5,8 |
| n-C20 | 0,038 | 0,041 | - | - | 0,040 | 0,002 | 4,6 |
| n-C21 | 0,037 | 0,037 | - | - | 0,037 | 0,000 | 1,1 |
| n-C22 | 0,031 | 0,034 | - | - | 0,033 | 0,002 | 6,0 |
| n-C23 | 0,026 | 0,029 | - | - | 0,027 | 0,002 | 8,7 |
| n-C24 | 0,025 | 0,027 | - | - | 0,026 | 0,001 | 4,3 |
| n-C25 | 0,021 | 0,022 | - | - | 0,022 | 0,001 | 3,8 |
| n-C26 | 0,015 | 0,018 | - | - | 0,017 | 0,002 | 10,3 |
| n-C27 | 0,012 | 0,012 | - | - | 0,012 | 0,000 | 1,8 |
| n-C28 | 0,011 | 0,012 | - | - | 0,012 | 0,001 | 6,3 |
| n-C29 | 0,009 | 0,010 | - | - | 0,009 | 0,000 | 2,8 |
| n-C30 | 0,008 | 0,007 | - | - | 0,008 | 0,001 | 8,9 |
| T19 | 0,000 | 0,000 | - | - | 0,000 | 0,000 | - |
| T20 | 0,000 | 0,000 | - | - | 0,000 | 0,000 | - |
| T21 | 0,000 | 0,000 | - | - | 0,000 | 0,000 | - |
| T23 | 0,000 | 0,000 | - | - | 0,000 | 0,000 | - |
| T24 | 0,000 | 0,000 | - | - | 0,000 | 0,000 | - |
| T25 | 0,000 | 0,000 | - | - | 0,000 | 0,000 | - |
| T26(R) | 0,000 | 0,000 | - | - | 0,000 | 0,000 | - |
| T26(S) | 0,000 | 0,000 | - | - | 0,000 | 0,000 | - |
| Ts | 0,000 | 0,000 | - | - | 0,000 | 0,000 | - |
| Tm | 0,185 | 0,188 | - | - | 0,186 | 0,002 | 0,9 |
| H29 | 0,323 | 0,308 | - | - | 0,316 | 0,011 | 3,4 |
| H30 | 0,340 | 0,339 | - | - | 0,339 | 0,001 | 0,3 |
| M30 | 0,041 | 0,045 | - | - | 0,043 | 0,003 | 6,2 |
| H31(S) | 0,070 | 0,074 | - | - | 0,072 | 0,003 | 3,6 |
| H31(R) | 0,040 | 0,047 | - | - | 0,044 | 0,005 | 10,8 |
| G30 | 0,000 | 0,000 | - | - | 0,000 | 0,000 | - |
| H32(S) | 0,000 | 0,000 | - | - | 0,000 | 0,000 | - |
| H32(R) | 0,000 | 0,000 | - | - | 0,000 | 0,000 | - |
| H33(S) | 0,000 | 0,000 | - | - | 0,000 | 0,000 | - |
| H33(R) | 0,000 | 0,000 | - | - | 0,000 | 0,000 | - |
| S20 | 0,281 | 0,283 | - | - | 0,282 | 0,002 | 0,7 |
| S21 | 0,111 | 0,109 | - | - | 0,110 | 0,001 | 1,3 |
| S22 | 0,057 | 0,057 | - | - | 0,057 | 0,000 | 0,5 |
| D27($\beta$s) | 0,117 | 0,115 | - | - | 0,116 | 0,001 | 1,1 |
| D27($\beta$r) | 0,063 | 0,060 | - | - | 0,062 | 0,002 | 3,9 |
| D27($\alpha$s) | 0,028 | 0,025 | - | - | 0,027 | 0,002 | 8,0 |
| D27(ar) | 0,017 | 0,018 | - | - | 0,017 | 0,001 | 3,3 |
| S27(as) | 0,033 | 0,029 | - | - | 0,031 | 0,003 | 10,6 |
| S27($\beta$r) | 0,053 | 0,058 | - | - | 0,056 | 0,004 | 6,7 |
| S27($\beta$s) | 0,044 | 0,049 | - | - | 0,047 | 0,003 | 6,8 |
| S27(ar) | 0,033 | 0,033 | - | - | 0,033 | 0,000 | 0,2 |
| S28(as) | 0,024 | 0,024 | - | - | 0,024 | 0,000 | 0,6 |
| S28($\beta$r) | 0,018 | 0,020 | - | - | 0,019 | 0,001 | 7,6 |
| S28($\beta$s) | 0,012 | 0,012 | - | - | 0,012 | 0,000 | 3,2 |
| S28(ar) | 0,043 | 0,045 | - | - | 0,044 | 0,001 | 2,7 |
| S29(as) | 0,022 | 0,020 | - | - | 0,021 | 0,001 | 6,7 |
| S29($\beta$r) | 0,007 | 0,006 | - | - | 0,006 | 0,001 | 9,4 |
| S29($\beta$s) | 0,010 | 0,010 | -- | | 0,010 | 0,000 | 1,5 |
| S29($\alpha$r) | 0,027 | 0,027 | -- | | 0,027 | 0,000 | 0,4 |
| N | 0,156 | 0,145 | -- | | 0,150 | 0,008 | 5,3 |
| 2-MN | 0,115 | 0,109 | -- | | 0,112 | 0,004 | 3,8 |
| 1-MN | 0,090 | 0,085 | -- | | 0,087 | 0,003 | 3,6 |
| 2-PT | 0,024 | 0,028 | -- | | 0,026 | 0,002 | 8,4 |

| | CI1 | CI2 | CI3 | CI4 | Média | SDs | DER |
|---|---|---|---|---|---|---|---|
| 1-PT | 0,010 | 0,011 | -- | | 0,010 | 0,001 | 7,5 |
| 2.6 + 2.7 - DMN | 0,102 | 0,098 | -- | | 0,100 | 0,003 | 2,7 |
| 1.3 + 1.7 - DMN | 0,057 | 0,053 | -- | | 0,055 | 0,003 | 6,0 |
| 1,6 - DMN | 0,039 | 0,038 | -- | | 0,038 | 0,001 | 3,1 |
| 1,4 + 2,3 - DMN | 0,034 | 0,039 | -- | | 0,036 | 0,004 | 9,9 |
| 1,5 - DMN | 0,008 | 0,009 | -- | | 0,008 | 0,001 | 9,5 |
| 1,2 - DMN | 0,020 | 0,023 | -- | | 0,022 | 0,002 | 9,4 |
| 1,3,7 - TMN | 0,022 | 0,023 | -- | | 0,022 | 0,001 | 6,1 |
| 1,3,6 - TMN | 0,032 | 0,035 | -- | | 0,034 | 0,002 | 6,7 |
| 1,3,5 + 1,4,6 - TMN | 0,023 | 0,027 | -- | | 0,025 | 0,002 | 9,3 |
| 2,3,6 - TMN | 0,013 | 0,013 | -- | | 0,013 | 0,000 | 1,9 |
| 1,2,7 + 1,6,7 - TMN | 0,012 | 0,012 | -- | | 0,012 | 0,000 | 2,7 |
| 1,2,6 - TMN | 0,009 | 0,009 | -- | | 0,009 | 0,000 | 1,2 |
| 1,2,4 - TMN | 0,003 | 0,003 | | | 0,003 | 0,000 | 7,8 |
| 1,2,5 - TMN | 0,018 | 0,021 | -- | | 0,019 | 0,002 | 8,9 |
| Ph | 0,072 | 0,070 | -- | | 0,071 | 0,001 | 1,3 |
| 3-MP | 0,044 | 0,046 | -- | | 0,045 | 0,002 | 3,8 |
| 2-MP | 0,049 | 0,052 | -- | | 0,051 | 0,002 | 3,2 |
| 9-MP | 0,019 | 0,021 | -- | | 0,020 | 0,001 | 6,4 |
| 1-MP | 0,014 | 0,015 | -- | | 0,014 | 0,001 | 5,8 |
| D | 0,007 | 0,007 | -- | | 0,007 | 0,000 | 3,4 |
| 4-MDBT | 0,004 | 0,005 | -- | | 0,005 | 0,000 | 6,9 |
| 2 + 3 - MDBT | 0,002 | 0,003 | | | 0,002 | 0,000 | 8,7 |
| 1 - MDBT | 0,001 | 0,001 | -- | | 0,001 | 0,000 | 7,3 |

Idem Quadro 11.

Tabela IC. Razões de diagnóstico obtidas a partir do IC bruto.

| RDs | CI1 | CI2 | CI3 | CI4 | Baile de finalistas | SDs | DER |
|---|---|---|---|---|---|---|---|
| P/F | 1,877 | 1,718 | - | - | 1,797 | 0,112 | 6,2 |
| P/n-C17 | 0,448 | 0,432 | - | - | 0,440 | 0,011 | 2,6 |
| $_1$F⅛-C 8 | 0,275 | 0,287 | - | - | 0,281 | 0,008 | 2,9 |
| n-C29⅛-C$_{17}$ | 0,173 | 0,177 | - | - | 0,175 | 0,003 | 1,9 |
| H29/H30 | 0,952 | 0,910 | - | - | 0,931 | 0,029 | 3,2 |
| 10 x G30/G30 x C30 | 0,122 | 0,134 | - | - | 0,128 | 0,008 | 6,4 |
| M30/H30 | 0,000 | 0,000 | - | - | 0,000 | 0,000 | - |
| % S27 | 50,17 | 50,74 | - | - | 50,46 | 0,405 | 0,8 |
| % S28 | 29,58 | 30,37 | - | - | 29,97 | 0,555 | 1,9 |
| % S29 | 20,25 | 18,89 | - | - | 19,57 | 0,960 | 4,9 |
| D/S$_{27\,27}$ | 1,373 | 1,288 | - | - | 1,330 | 0,060 | 4,5 |
| IMP | 1,332 | 1,377 | - | - | 1,355 | 0,032 | 2,4 |
| Rc | 1,173 | 1,197 | - | - | 1,185 | 0,018 | 1,5 |
| % 4-MeDBT | 58,15 | 57,64 | - | - | 57,89 | 0,356 | 0,6 |
| % 2+3-MeDBT | 30,48 | 31,01 | - | - | 30,75 | 0,373 | 1,2 |
| % 1-MeDBT | 11,37 | 11,35 | - | - | 11,36 | 0,018 | 0,2 |
| DBT/Ph | 0,091 | 0,098 | - | - | 0,095 | 0,004 | 4,7 |

Idem Quadro 12.

Tabela CO. Desvio padrão relativo obtido a partir das abundâncias relativas do CO bruto.

| RAs | CO1 | CO2 | CO3 | CO4 | Médias | SDs | DER |
|---|---|---|---|---|---|---|---|
| n-C9 | 0,079 | 0,072 | 0,066 | - | 0,072 | 0,007 | 9,6 |
| n-C10 | 0,081 | 0,079 | 0,071 | - | 0,077 | 0,006 | 7,2 |
| n-C11 | 0,086 | 0,083 | 0,077 | - | 0,082 | 0,005 | 5,6 |
| n-C12 | 0,077 | 0,078 | 0,084 | - | 0,080 | 0,003 | 4,3 |
| n-C13 | 0,073 | 0,072 | 0,076 | - | 0,073 | 0,002 | 3,1 |
| n-C14 | 0,064 | 0,065 | 0,066 | - | 0,065 | 0,001 | 1,3 |
| n-C15 | 0,061 | 0,064 | 0,064 | - | 0,063 | 0,001 | 2,2 |
| n-C16 | 0,061 | 0,058 | 0,059 | - | 0,059 | 0,001 | 2,5 |
| n-C17 | 0,054 | 0,054 | 0,054 | - | 0,054 | 0,000 | 0,3 |
| P | 0,021 | 0,022 | 0,021 | - | 0,021 | 0,001 | 3,4 |
| n-C18 | 0,045 | 0,047 | 0,048 | - | 0,047 | 0,002 | 3,9 |
| F | 0,012 | 0,013 | 0,014 | - | 0,013 | 0,001 | 9,1 |
| n-C19 | 0,044 | 0,044 | 0,044 | - | 0,044 | 0,000 | 0,9 |
| n-C20 | 0,040 | 0,041 | 0,040 | - | 0,040 | 0,001 | 1,3 |
| n-C21 | 0,035 | 0,037 | 0,038 | - | 0,037 | 0,001 | 3,1 |
| n-C22 | 0,032 | 0,034 | 0,035 | - | 0,034 | 0,002 | 5,3 |
| n-C23 | 0,028 | 0,028 | 0,031 | - | 0,029 | 0,001 | 4,7 |
| n-C24 | 0,027 | 0,027 | 0,027 | - | 0,027 | 0,000 | 1,3 |
| n-C25 | 0,022 | 0,023 | 0,024 | - | 0,023 | 0,001 | 4,8 |
| n-C26 | 0,016 | 0,018 | 0,018 | - | 0,017 | 0,001 | 6,9 |
| n-C27 | 0,012 | 0,012 | 0,013 | - | 0,012 | 0,001 | 4,1 |
| n-C28 | 0,012 | 0,013 | 0,013 | - | 0,013 | 0,000 | 3,6 |
| n-C29 | 0,010 | 0,010 | 0,010 | - | 0,010 | 0,000 | 1,0 |

| | | | | | | | |
|---|---|---|---|---|---|---|---|
| n-C30 | 0,007 | 0,007 | 0,008 | - | 0,007 | 0,000 | 6,4 |
| T19 | 0,000 | 0,000 | 0,000 | - | 0,000 | 0,000 | - |
| T20 | 0,000 | 0,000 | 0,000 | - | 0,000 | 0,000 | - |
| T21 | 0,000 | 0,000 | 0,000 | - | 0,000 | 0,000 | - |
| T23 | 0,000 | 0,000 | 0,000 | - | 0,000 | 0,000 | - |
| T24 | 0,000 | 0,000 | 0,000 | - | 0,000 | 0,000 | - |
| T25 | 0,000 | 0,000 | 0,000 | - | 0,000 | 0,000 | - |
| T26(R) | 0,000 | 0,000 | 0,000 | - | 0,000 | 0,000 | - |
| T26(S) | 0,000 | 0,000 | 0,000 | - | 0,000 | 0,000 | - |
| Ts | 0,000 | 0,000 | 0,000 | - | 0,000 | 0,000 | |
| Tm | 0,161 | 0,182 | 0,153 | - | 0,165 | 0,015 | 9,1 |
| H29 | 0,323 | 0,289 | 0,293 | - | 0,302 | 0,019 | 6,2 |
| H30 | 0,363 | 0,373 | 0,364 | - | 0,367 | 0,005 | 1,5 |
| M30 | 0,054 | 0,051 | 0,059 | - | 0,055 | 0,004 | 7,7 |
| H31(S) | 0,056 | 0,064 | 0,084 | - | 0,068 | 0,015 | 21,5 |
| H31(R) | 0,044 | 0,041 | 0,047 | - | 0,044 | 0,003 | 6,9 |
| G30 | 0,000 | 0,000 | 0,000 | - | 0,000 | 0,000 | - |
| H32(S) | 0,000 | 0,000 | 0,000 | - | 0,000 | 0,000 | - |
| H32(R) | 0,000 | 0,000 | 0,000 | - | 0,000 | 0,000 | - |
| H33(S) | 0,000 | 0,000 | 0,000 | - | 0,000 | 0,000 | - |
| H33(R) | 0,000 | 0,000 | 0,000 | - | 0,000 | 0,000 | - |
| S20 | 0,321 | 0,306 | 0,302 | - | 0,310 | 0,010 | 3,2 |
| S21 | 0,099 | 0,110 | 0,098 | - | 0,102 | 0,007 | 6,4 |
| S22 | 0,044 | 0,047 | 0,053 | - | 0,048 | 0,005 | 9,7 |
| D27 (βs) | 0,098 | 0,105 | 0,097 | - | 0,100 | 0,004 | 4,2 |
| D27(βr) | 0,072 | 0,067 | 0,063 | - | 0,067 | 0,004 | 6,7 |
| D27(αs) | 0,015 | 0,015 | 0,015 | - | 0,015 | 0,000 | 1,6 |
| D27(ar) | 0,023 | 0,021 | 0,022 | - | 0,022 | 0,001 | 5,1 |
| S27 (as) | 0,038 | 0,036 | 0,032 | - | 0,036 | 0,003 | 9,3 |
| S27(βr) | 0,042 | 0,045 | 0,050 | - | 0,046 | 0,004 | 7,9 |
| S27 (βs) | 0,039 | 0,039 | 0,044 | - | 0,041 | 0,003 | 7,1 |
| S27(ar) | 0,027 | 0,028 | 0,029 | - | 0,028 | 0,001 | 3,4 |
| S28 (as) | 0,029 | 0,025 | 0,024 | - | 0,026 | 0,002 | 8,6 |
| S28(βr) | 0,021 | 0,022 | 0,025 | - | 0,023 | 0,002 | 8,2 |
| S28(βs) | 0,014 | 0,012 | 0,012 | - | 0,013 | 0,001 | 7,6 |
| S28 (ar) | 0,042 | 0,045 | 0,051 | - | 0,046 | 0,005 | 10,9 |
| S29 (as) | 0,025 | 0,026 | 0,029 | - | 0,027 | 0,002 | 8,2 |
| S29(βr) | 0,007 | 0,008 | 0,008 | - | 0,007 | 0,001 | 9,0 |
| S29 (βs) | 0,014 | 0,013 | 0,016 | - | 0,014 | 0,001 | 10,2 |
| S29 (αr) | 0,031 | 0,030 | 0,030 | - | 0,030 | 0,001 | 2,5 |
| N | 0,156 | 0,151 | 0,150 | - | 0,152 | 0,004 | 2,3 |
| 2-MN | 0,117 | 0,113 | 0,123 | - | 0,118 | 0,005 | 3,9 |
| 1-MN | 0,089 | 0,085 | 0,104 | - | 0,093 | 0,010 | 10,5 |
| 2-PT | 0,023 | 0,022 | 0,025 | - | 0,023 | 0,002 | 6,9 |
| 1-PT | 0,010 | 0,010 | 0,012 | - | 0,011 | 0,001 | 10,6 |
| 2.6 + 2.7 - DMN | 0,094 | 0,089 | 0,080 | - | 0,088 | 0,007 | 8,1 |
| 1.3 + 1.7 - DMN | 0,055 | 0,052 | 0,060 | - | 0,056 | 0,004 | 7,4 |
| 1,6 - DMN | 0,038 | 0,037 | 0,042 | - | 0,039 | 0,003 | 7,1 |
| 1,4 + 2,3 - DMN | 0,032 | 0,031 | 0,033 | - | 0,032 | 0,001 | 4,5 |
| 1,5 - DMN | 0,006 | 0,006 | 0,005 | - | 0,006 | 0,001 | 9,9 |
| 1,2 - DMN | 0,019 | 0,018 | 0,018 | - | 0,018 | 0,001 | 2,9 |
| 1,3,7 - TMN | 0,016 | 0,015 | 0,014 | - | 0,015 | 0,001 | 5,6 |
| 1,3,6 - TMN | 0,028 | 0,027 | 0,029 | - | 0,028 | 0,001 | 4,2 |
| 1,3,5 + 1,4,6 - TMN | 0,010 | 0,009 | 0,009 | - | 0,009 | 0,000 | 3,3 |
| 2,3,6 - TMN | 0,010 | 0,010 | 0,011 | - | 0,010 | 0,001 | 6,0 |
| 1,2,7 + 1,6,7 - TMN | 0,011 | 0,011 | 0,012 | - | 0,011 | 0,000 | 3,5 |
| 1,2,6 - TMN | 0,001 | 0,001 | 0,002 | - | 0,001 | 0,000 | 8,7 |
| 1,2,4 - TMN | 0,003 | 0,003 | 0,002 | - | 0,003 | 0,000 | 10,7 |
| 1,2,5 - TMN | 0,019 | 0,019 | 0,016 | - | 0,018 | 0,002 | 10,9 |
| Ph | 0,091 | 0,108 | 0,090 | - | 0,097 | 0,010 | 10,5 |
| 3-MPh | 0,054 | 0,057 | 0,051 | - | 0,054 | 0,003 | 5,7 |
| 2-MPh | 0,058 | 0,066 | 0,059 | - | 0,061 | 0,004 | 7,1 |
| 9-MPh | 0,029 | 0,028 | 0,025 | - | 0,027 | 0,002 | 7,4 |
| 1-MPh | 0,019 | 0,019 | 0,017 | - | 0,018 | 0,001 | 5,6 |
| D | 0,005 | 0,006 | 0,005 | - | 0,005 | 0,001 | 9,4 |
| 4-MDBT | 0,003 | 0,004 | 0,003 | - | 0,004 | 0,000 | 8,4 |
| 2 + 3 - MDBT | 0,002 | 0,002 | 0,002 | - | 0,002 | 0,000 | 9,3 |
| 1 - MDBT | 0,001 | 0,001 | 0,001 | - | 0,001 | 0,000 | 8,6 |

Idem Quadro 11.

Tabela CO. Razões de diagnóstico obtidas a partir de CO bruto.

| RDs | CO1 | | CO3 | CO4 | Baile de finalistas | SDs | DER |
|---|---|---|---|---|---|---|---|
| P/F | 1,778 | 1,704 | 1,524 | - | 1,669 | 0,131 | 7,8 |
| P/n-C17 | 0,380 | 0,405 | 0,388 | - | 0,391 | 0,013 | 3,3 |
| FZn-C28 | 0,259 | 0,276 | 0,287 | - | 0,274 | 0,014 | 5,2 |
| II-C29/II-C17 | 0,193 | 0,190 | 0,188 | - | 0,191 | 0,002 | 1,3 |
| 2H 9H30 | 0,890 | 0,776 | 0,804 | - | 0,823 | 0,059 | 7,2 |
| 10 x G3oG3o X C30 | 0,148 | 0,137 | 0,163 | - | 0,149 | 0,013 | 8,7 |
| M3o/H3o | 0,000 | 0,000 | 0,000 | - | 0,000 | 0,000 | - |
| % S27 | 44,50 | 45,11 | 44,08 | - | 44,56 | 0,518 | 1,2 |
| % S28 | 32,06 | 31,73 | 32,23 | - | 32,01 | 0,255 | 0,8 |
| % S29 | 23,44 | 23,16 | 23,69 | - | 23,43 | 0,264 | 1,1 |
| D27/S27 | 1,420 | 1,396 | 1,281 | - | 1,366 | 0,074 | 5,4 |
| IMP | 1,207 | 1,194 | 1,245 | - | 1,215 | 0,026 | 2,2 |
| Rc | 1,104 | 1,097 | 1,125 | - | 1,108 | 0,015 | 1,3 |
| % 4-MeDBT | 55,00 | 54,38 | 54,17 | - | 54,52 | 0,431 | 0,8 |
| % 2+3-MeDBT | 31,82 | 32,20 | 31,92 | - | 31,98 | 0,196 | 0,6 |
| % 1-MeDBT | 13,18 | 13,42 | 13,91 | - | 13,50 | 0,369 | 2,7 |
| DBTZPh | 0,055 | 0,055 | 0,058 | - | 0,056 | 0,001 | 2,5 |

Idem Quadro 12.

Tabela DA. Desvio padrão relativo obtido a partir das abundâncias relativas de DA em bruto.

| RAs | DA1 | DA2 | DA3 | DA4 | Médias | SDs | DER |
|---|---|---|---|---|---|---|---|
| n-C9 | 0,044 | 0,046 | 0,040 | 0,049 | 0,045 | 0,004 | 8,9 |
| n-C10 | 0,055 | 0,055 | 0,060 | 0,064 | 0,058 | 0,004 | 7,0 |
| n-C11 | 0,058 | 0,056 | 0,063 | 0,052 | 0,057 | 0,005 | 8,4 |
| n-C12 | 0,061 | 0,061 | 0,068 | 0,069 | 0,065 | 0,004 | 6,8 |
| n-C13 | 0,053 | 0,056 | 0,057 | 0,054 | 0,055 | 0,002 | 3,9 |
| n-C14 | 0,052 | 0,055 | 0,058 | 0,058 | 0,055 | 0,003 | 5,5 |
| n-C15 | 0,061 | 0,056 | 0,061 | 0,060 | 0,060 | 0,002 | 3,9 |
| n-C16 | 0,055 | 0,055 | 0,055 | 0,058 | 0,056 | 0,002 | 2,9 |
| n-C17 | 0,051 | 0,056 | 0,055 | 0,057 | 0,055 | 0,002 | 4,3 |
| P | 0,039 | 0,038 | 0,039 | 0,038 | 0,039 | 0,000 | 1,1 |
| n-C18 | 0,049 | 0,049 | 0,050 | 0,049 | 0,049 | 0,000 | 0,7 |
| F | 0,021 | 0,023 | 0,022 | 0,024 | 0,022 | 0,001 | 6,3 |
| n-C19 | 0,051 | 0,054 | 0,051 | 0,051 | 0,052 | 0,001 | 2,8 |
| n-C20 | 0,045 | 0,048 | 0,046 | 0,046 | 0,046 | 0,001 | 2,1 |
| n-C21 | 0,051 | 0,046 | 0,045 | 0,046 | 0,047 | 0,003 | 5,7 |
| n-C22 | 0,043 | 0,044 | 0,042 | 0,043 | 0,043 | 0,001 | 2,2 |
| n-C23 | 0,043 | 0,041 | 0,037 | 0,036 | 0,039 | 0,003 | 8,0 |
| n-C24 | 0,039 | 0,039 | 0,035 | 0,032 | 0,036 | 0,003 | 9,4 |
| n-C25 | 0,036 | 0,036 | 0,030 | 0,030 | 0,033 | 0,004 | 10,6 |
| n-C26 | 0,032 | 0,028 | 0,028 | 0,027 | 0,029 | 0,002 | 7,5 |
| n-C27 | 0,023 | 0,020 | 0,019 | 0,020 | 0,021 | 0,002 | 8,8 |
| n-C28 | 0,018 | 0,016 | 0,017 | 0,015 | 0,017 | 0,002 | 9,6 |
| n-C29 | 0,013 | 0,012 | 0,015 | 0,012 | 0,013 | 0,001 | 9,9 |
| n-C30 | 0,008 | 0,008 | 0,008 | 0,010 | 0,009 | 0,001 | 8,8 |
| T19 | 0,094 | 0,090 | 0,097 | 0,085 | 0,092 | 0,005 | 5,7 |
| T20 | 0,141 | 0,150 | 0,127 | 0,138 | 0,139 | 0,009 | 6,8 |
| T21 | 0,268 | 0,280 | 0,259 | 0,280 | 0,272 | 0,010 | 3,6 |
| T23 | 0,217 | 0,195 | 0,205 | 0,214 | 0,208 | 0,010 | 4,8 |
| T24 | 0,156 | 0,159 | 0,175 | 0,159 | 0,162 | 0,009 | 5,3 |
| T25 | 0,000 | 0,000 | 0,000 | 0,000 | 0,000 | 0,000 | - |
| T26 (R) | 0,077 | 0,076 | 0,084 | 0,068 | 0,076 | 0,007 | 8,6 |
| T26(S) | 0,045 | 0,050 | 0,053 | 0,057 | 0,051 | 0,005 | 9,1 |
| Ts | 0,000 | 0,000 | 0,000 | 0,000 | 0,000 | 0,000 | - |
| Tm | 0,000 | 0,000 | 0,000 | 0,000 | 0,000 | 0,000 | - |
| H29 | 0,000 | 0,000 | 0,000 | 0,000 | 0,000 | 0,000 | - |
| H30 | 0,000 | 0,000 | 0,000 | 0,000 | 0,000 | 0,000 | - |
| M30 | 0,000 | 0,000 | 0,000 | 0,000 | 0,000 | 0,000 | - |
| H31(S) | 0,000 | 0,000 | 0,000 | 0,000 | 0,000 | 0,000 | - |
| H31 (R) | 0,000 | 0,000 | 0,000 | 0,000 | 0,000 | 0,000 | - |
| G30 | 0,000 | 0,000 | 0,000 | 0,000 | 0,000 | 0,000 | - |
| H32(S) | 0,000 | 0,000 | 0,000 | 0,000 | 0,000 | 0,000 | - |
| H32 (R) | 0,000 | 0,000 | 0,000 | 0,000 | 0,000 | 0,000 | - |
| H33(S) | 0,000 | 0,000 | 0,000 | 0,000 | 0,000 | 0,000 | - |
| H33 (R) | 0,000 | 0,000 | 0,000 | 0,000 | 0,000 | 0,000 | - |
| S20 | 0,254 | 0,250 | 0,213 | 0,233 | 0,237 | 0,019 | 7,9 |
| S21 | 0,138 | 0,138 | 0,141 | 0,142 | 0,140 | 0,002 | 1,6 |
| S22 | 0,109 | 0,105 | 0,113 | 0,104 | 0,108 | 0,004 | 4,0 |
| D27(βs) | 0,134 | 0,132 | 0,147 | 0,132 | 0,136 | 0,007 | 5,1 |
| D27(βr) | 0,054 | 0,055 | 0,057 | 0,052 | 0,054 | 0,002 | 4,0 |
| D27 (as) | 0,018 | 0,017 | 0,018 | 0,016 | 0,017 | 0,001 | 6,8 |
| D27 (ar) | 0,014 | 0,015 | 0,016 | 0,018 | 0,016 | 0,002 | 11,6 |
| S27 (as) | 0,018 | 0,020 | 0,018 | 0,019 | 0,019 | 0,001 | 3,3 |
| S27(βr) | 0,073 | 0,079 | 0,072 | 0,080 | 0,076 | 0,004 | 5,6 |

|  |  |  |  |  |  |  |  |
|---|---|---|---|---|---|---|---|
| $s_{27}$ (βs) | 0,055 | 0,055 | 0,058 | 0,059 | 0,057 | 0,002 | 4,0 |
| $s_{27}$ (ar) | 0,016 | 0,014 | 0,015 | 0,016 | 0,015 | 0,001 | 5,7 |
| $s_{28}$ (as) | 0,002 | 0,002 | 0,002 | 0,002 | 0,002 | 0,000 | 9,2 |
| $s_{28}$(βr) | 0,033 | 0,037 | 0,041 | 0,037 | 0,037 | 0,003 | 8,6 |
| $s_{28}$(βs) | 0,008 | 0,009 | 0,010 | 0,008 | 0,009 | 0,001 | 11,4 |
| $s_{28}$ (ar) | 0,024 | 0,022 | 0,025 | 0,028 | 0,025 | 0,002 | 9,5 |
| $s_{29}$ (as) | 0,017 | 0,018 | 0,019 | 0,017 | 0,018 | 0,001 | 4,4 |
| $s_{29}$(βr) | 0,010 | 0,010 | 0,011 | 0,013 | 0,011 | 0,001 | 11,7 |
| $s_{29}$ (βs) | 0,008 | 0,007 | 0,007 | 0,006 | 0,007 | 0,001 | 12,0 |
| $s_{29}$ (αr) | 0,017 | 0,017 | 0,017 | 0,019 | 0,017 | 0,001 | 5,0 |
| N | 0,090 | 0,086 | 0,076 | 0,095 | 0,087 | 0,008 | 9,5 |
| 2-MN | 0,119 | 0,108 | 0,101 | 0,121 | 0,112 | 0,009 | 8,1 |
| 1-MN | 0,065 | 0,057 | 0,059 | 0,071 | 0,063 | 0,006 | 10,2 |
| 2-PT | 0,017 | 0,018 | 0,019 | 0,021 | 0,019 | 0,002 | 8,8 |
| 1-PT | 0,000 | 0,000 | 0,000 | 0,000 | 0,000 | 0,000 | 8,1 |
| 2.6 + 2.7 - DMN | 0,119 | 0,112 | 0,137 | 0,130 | 0,125 | 0,011 | 8,9 |
| 1.3 + 1.7 - DMN | 0,036 | 0,042 | 0,047 | 0,043 | 0,042 | 0,005 | 11,0 |
| 1,6 - DMN | 0,032 | 0,031 | 0,030 | 0,030 | 0,031 | 0,001 | 2,9 |
| 1,4 + 2,3 - DMN | 0,042 | 0,042 | 0,038 | 0,039 | 0,040 | 0,002 | 4,5 |
| 1,5 - DMN | 0,004 | 0,004 | 0,005 | 0,004 | 0,004 | 0,000 | 11,2 |
| 1,2 - DMN | 0,003 | 0,003 | 0,003 | 0,003 | 0,003 | 0,000 | 2,5 |
| 1,3,7 - TMN | 0,042 | 0,037 | 0,037 | 0,038 | 0,038 | 0,002 | 6,1 |
| 1,3,6 - TMN | 0,048 | 0,046 | 0,046 | 0,043 | 0,046 | 0,002 | 4,7 |
| 1,3,5 + 1,4,6 - TMN | 0,004 | 0,004 | 0,004 | 0,003 | 0,004 | 0,000 | 7,1 |
| 2,3,6 - TMN | 0,037 | 0,042 | 0,036 | 0,036 | 0,038 | 0,003 | 8,0 |
| 1,2,7 + 1,6,7 - TMN | 0,000 | 0,000 | 0,000 | 0,000 | 0,000 | 0,000 | - |
| 1,2,6 - TMN | 0,000 | 0,000 | 0,000 | 0,000 | 0,000 | 0,000 | - |
| 1,2,4 - TMN | 0,000 | 0,000 | 0,000 | 0,000 | 0,000 | 0,000 | 11,3 |
| 1,2,5 - TMN | 0,001 | 0,001 | 0,001 | 0,001 | 0,001 | 0,000 | 11,2 |
| Ph | 0,084 | 0,083 | 0,085 | 0,070 | 0,080 | 0,007 | 8,5 |
| 3-MPh | 0,067 | 0,072 | 0,081 | 0,060 | 0,070 | 0,009 | 12,6 |
| 2-MPh | 0,064 | 0,069 | 0,073 | 0,056 | 0,065 | 0,008 | 11,6 |
| 9-MPh | 0,043 | 0,049 | 0,042 | 0,045 | 0,045 | 0,003 | 7,2 |
| 1-MPh | 0,037 | 0,043 | 0,034 | 0,040 | 0,039 | 0,004 | 10,5 |
| D | 0,011 | 0,013 | 0,011 | 0,011 | 0,011 | 0,001 | 6,9 |
| 4-MDBT | 0,025 | 0,025 | 0,022 | 0,026 | 0,025 | 0,002 | 8,0 |
| 2 + 3 - MDBT | 0,012 | 0,014 | 0,012 | 0,014 | 0,013 | 0,001 | 8,7 |
| 1 - MDBT | 0,000 | 0,000 | 0,000 | 0,000 | 0,000 | 0,000 | 8,7 |

Idem Quadro 11.

Tabela DA. Relações de diagnóstico obtidas a partir da AD bruta.

| RDs | DA1 | DA2 | DA3 | DA4 | Baile de finalistas | SDs | DER |
|---|---|---|---|---|---|---|---|
| P/F | 1,903 | 1,678 | 1,758 | 1,607 | 1,737 | 0,127 | 7,3 |
| P½-C$_{17}$ | 0,760 | 0,677 | 0,704 | 0,677 | 0,704 | 0,039 | 5,6 |
| $_1$F½-C 8 | 0,417 | 0,461 | 0,440 | 0,484 | 0,451 | 0,029 | 6,4 |
| n-C29½-C17 | 0,253 | 0,212 | 0,268 | 0,212 | 0,236 | 0,028 | 12,0 |
| H29/H30 | - | - | - | - | - | - | - |
| 10 x G30/G30 X C30 | - | - | - | - | - | - | - |
| M30/H30 | - | - | - | - | - | - | - |
| % $s_{27}$ | 57,71 | 57,90 | 55,29 | 57,35 | 57,06 | 1,207 | 2,1 |
| % $s_{28}$ | 23,89 | 24,33 | 26,40 | 24,76 | 24,85 | 1,094 | 4,4 |
| % $s_{29}$ | 18,40 | 17,76 | 18,32 | 17,88 | 18,09 | 0,315 | 1,7 |
| D27/S27 | 1,363 | 1,312 | 1,452 | 1,257 | 1,346 | 0,083 | 6,2 |
| IMP | 1,204 | 1,205 | 1,432 | 1,113 | 1,238 | 0,136 | 11,0 |
| Rc | 1,102 | 1,103 | 1,228 | 1,052 | 1,121 | 0,075 | 6,7 |
| % 4-MeDBT | 67,24 | 63,75 | 62,89 | 64,49 | 64,59 | 1,883 | 2,9 |
| % 2+3-MeDBT | 31,71 | 35,33 | 36,10 | 34,46 | 34,40 | 1,916 | 5,6 |
| % 1-MeDBT | 1,050 | 0,923 | 1,008 | 1,054 | 1,009 | 0,061 | 6,0 |
| DBT/Ph | 0,136 | 0,152 | 0,131 | 0,152 | 0,143 | 0,011 | 7,7 |

Idem Quadro 12.

Tabela DB. Desvio padrão relativo obtido a partir das abundâncias relativas da DB bruta.

| RAs | DB1 | DB2 | DB3 | DB4 | Médias | SDs | DER |
|---|---|---|---|---|---|---|---|
| n-C9 | 0,035 | 0,039 | 0,036 | - | 0,036 | 0,002 | 4,9 |
| n-C10 | 0,043 | 0,044 | 0,042 | - | 0,043 | 0,001 | 2,4 |
| n-C11 | 0,052 | 0,052 | 0,045 | - | 0,050 | 0,004 | 8,1 |
| n-C12 | 0,051 | 0,050 | 0,049 | - | 0,050 | 0,001 | 1,8 |
| n-Ci3 | 0,048 | 0,049 | 0,048 | - | 0,048 | 0,000 | 1,0 |
| n-C14 | 0,049 | 0,050 | 0,047 | - | 0,049 | 0,002 | 3,2 |

| | | | | | | | |
|---|---|---|---|---|---|---|---|
| n-C15 | 0,060 | 0,055 | 0,055 | - | 0,057 | 0,003 | 5,4 |
| n-C16 | 0,057 | 0,056 | 0,055 | - | 0,056 | 0,001 | 2,2 |
| n-C17 | 0,055 | 0,058 | 0,058 | - | 0,057 | 0,002 | 3,1 |
| P | 0,038 | 0,039 | 0,041 | - | 0,039 | 0,002 | 4,7 |
| n-C18 | 0,050 | 0,053 | 0,053 | - | 0,052 | 0,002 | 3,3 |
| F | 0,023 | 0,024 | 0,025 | - | 0,024 | 0,001 | 4,5 |
| n-C19 | 0,056 | 0,058 | 0,058 | - | 0,057 | 0,001 | 1,9 |
| Π-C20 | 0,051 | 0,052 | 0,056 | - | 0,053 | 0,002 | 4,2 |
| n-C21 | 0,051 | 0,050 | 0,053 | - | 0,051 | 0,001 | 2,6 |
| n-C22 | 0,051 | 0,049 | 0,050 | - | 0,050 | 0,001 | 2,0 |
| n-C23 | 0,046 | 0,043 | 0,046 | - | 0,045 | 0,001 | 3,1 |
| n-C24 | 0,045 | 0,043 | 0,042 | - | 0,043 | 0,001 | 3,4 |
| Π-C25 | 0,041 | 0,040 | 0,041 | - | 0,041 | 0,000 | 1,1 |
| Π-C26 | 0,031 | 0,032 | 0,033 | - | 0,032 | 0,001 | 2,4 |
| Π-C27 | 0,022 | 0,022 | 0,026 | - | 0,023 | 0,002 | 9,7 |
| Π-C28 | 0,023 | 0,020 | 0,022 | - | 0,022 | 0,001 | 6,1 |
| Π-C29 | 0,015 | 0,014 | 0,013 | - | 0,014 | 0,001 | 5,5 |
| n-C30 | 0,008 | 0,009 | 0,008 | - | 0,008 | 0,001 | 6,9 |
| T19 | 0,169 | 0,157 | 0,164 | - | 0,163 | 0,006 | 3,9 |
| T20 | 0,137 | 0,130 | 0,152 | - | 0,140 | 0,012 | 8,3 |
| T2i | 0,243 | 0,261 | 0,265 | - | 0,256 | 0,012 | 4,5 |
| T23 | 0,212 | 0,203 | 0,179 | - | 0,198 | 0,017 | 8,6 |
| T24 | 0,122 | 0,129 | 0,117 | - | 0,123 | 0,006 | 4,9 |
| T25 | 0,000 | 0,000 | 0,000 | - | 0,000 | 0,000 | - |
| T26(R) | 0,066 | 0,072 | 0,075 | - | 0,071 | 0,004 | 6,3 |
| T26(S) | 0,051 | 0,049 | 0,048 | - | 0,049 | 0,001 | 3,0 |
| Ts | 0,000 | 0,000 | 0,000 | - | 0,000 | 0,000 | - |
| Tm | 0,000 | 0,000 | 0,000 | - | 0,000 | 0,000 | - |
| H29 | 0,000 | 0,000 | 0,000 | - | 0,000 | 0,000 | - |
| H30 | 0,000 | 0,000 | 0,000 | - | 0,000 | 0,000 | - |
| M30 | 0,000 | 0,000 | 0,000 | - | 0,000 | 0,000 | - |
| H31 (S) | 0,000 | 0,000 | 0,000 | - | 0,000 | 0,000 | - |
| H31(R) | 0,000 | 0,000 | 0,000 | - | 0,000 | 0,000 | - |
| G30 | 0,000 | 0,000 | 0,000 | - | 0,000 | 0,000 | - |
| H32 (S) | 0,000 | 0,000 | 0,000 | - | 0,000 | 0,000 | - |
| H32(R) | 0,000 | 0,000 | 0,000 | - | 0,000 | 0,000 | - |
| H33 (S) | 0,000 | 0,000 | 0,000 | - | 0,000 | 0,000 | - |
| H33(R) | 0,000 | 0,000 | 0,000 | - | 0,000 | 0,000 | - |
| S20 | 0,249 | 0,234 | 0,237 | - | 0,240 | 0,008 | 3,3 |
| S21 | 0,125 | 0,133 | 0,128 | - | 0,129 | 0,004 | 3,0 |
| S22 | 0,106 | 0,099 | 0,105 | - | 0,103 | 0,004 | 3,6 |
| D27(βs) | 0,132 | 0,133 | 0,134 | - | 0,133 | 0,001 | 0,7 |
| D27(βr) | 0,052 | 0,056 | 0,054 | - | 0,054 | 0,002 | 3,6 |
| D27 (as) | 0,018 | 0,019 | 0,020 | - | 0,019 | 0,001 | 5,7 |
| D27 (ar) | 0,015 | 0,014 | 0,014 | - | 0,015 | 0,000 | 2,2 |
| S27 (as) | 0,020 | 0,020 | 0,017 | - | 0,019 | 0,001 | 7,8 |
| S27 (βr) | 0,073 | 0,081 | 0,078 | - | 0,078 | 0,004 | 5,0 |
| S27 (βs) | 0,068 | 0,077 | 0,070 | - | 0,072 | 0,005 | 6,4 |
| S27 (ar) | 0,017 | 0,016 | 0,015 | - | 0,016 | 0,001 | 5,6 |
| S28 (as) | 0,002 | 0,002 | 0,002 | - | 0,002 | 0,000 | 6,4 |
| S28 (βr) | 0,032 | 0,029 | 0,036 | - | 0,032 | 0,003 | 10,3 |
| S28(βs) | 0,009 | 0,008 | 0,008 | - | 0,008 | 0,000 | 5,5 |
| S28 (ar) | 0,023 | 0,020 | 0,022 | - | 0,021 | 0,001 | 6,7 |
| S29 (as) | 0,022 | 0,025 | 0,024 | - | 0,023 | 0,001 | 5,3 |
| S29 (βr) | 0,009 | 0,010 | 0,009 | - | 0,010 | 0,001 | 8,7 |
| iS ,(βs) | 0,008 | 0,007 | 0,007 | - | 0,007 | 0,001 | 7,2 |
| S29 (αr) | 0,021 | 0,018 | 0,020 | - | 0,020 | 0,001 | 7,5 |
| N | 0,094 | 0,089 | 0,092 | - | 0,092 | 0,002 | 2,7 |
| 2-MN | 0,104 | 0,109 | 0,109 | - | 0,107 | 0,003 | 2,8 |
| 1-MN | 0,060 | 0,064 | 0,060 | - | 0,061 | 0,002 | 3,7 |
| 2-PT | 0,040 | 0,040 | 0,045 | - | 0,042 | 0,003 | 7,2 |
| 1-PT | 0,000 | 0,001 | 0,001 | - | 0,000 | 0,000 | 6,4 |
| 2.6 + 2.7 - DMN | 0,104 | 0,110 | 0,109 | - | 0,108 | 0,003 | 3,1 |
| 1.3 + 1.7 - DMN | 0,047 | 0,051 | 0,056 | - | 0,051 | 0,004 | 8,5 |
| 1,6 - DMN | 0,030 | 0,034 | 0,032 | - | 0,032 | 0,002 | 5,7 |
| 1,4 + 2,3 - DMN | 0,043 | 0,045 | 0,043 | - | 0,044 | 0,001 | 2,5 |
| 1,5 - DMN | 0,009 | 0,008 | 0,010 | - | 0,009 | 0,001 | 6,7 |
| 1,2 - DMN | 0,005 | 0,005 | 0,005 | - | 0,005 | 0,000 | 6,1 |
| 1,3,7 - TMN | 0,041 | 0,044 | 0,041 | - | 0,042 | 0,002 | 3,9 |
| 1,3,6 - TMN | 0,046 | 0,049 | 0,046 | - | 0,047 | 0,002 | 3,2 |
| 1,3,5 + 1,4,6 - TMN | 0,007 | 0,007 | 0,007 | - | 0,007 | 0,000 | 6,0 |
| 2,3,6 - TMN | 0,028 | 0,030 | 0,024 | - | 0,027 | 0,003 | 10,2 |
| 1,2,7 + 1,6,7 - TMN | 0,000 | 0,000 | 0,000 | - | 0,000 | 0,000 | - |
| 1,2,6 - TMN | 0,000 | 0,000 | 0,000 | - | 0,000 | 0,000 | - |
| 1,2,4 - TMN | 0,001 | 0,001 | 0,001 | - | 0,001 | 0,000 | 6,8 |

| | | | | | | |
|---|---|---|---|---|---|---|
| 1,2,5 - TMN | 0,001 | 0,001 | 0,001 | - | 0,001 | 0,000 | 10,6 |
| Ph | 0,082 | 0,074 | 0,073 | - | 0,076 | 0,005 | 6,7 |
| 3-MPh | 0,064 | 0,056 | 0,056 | - | 0,059 | 0,005 | 7,7 |
| 2-MPh | 0,061 | 0,054 | 0,051 | - | 0,055 | 0,005 | 9,8 |
| 9-MPh | 0,033 | 0,035 | 0,039 | - | 0,036 | 0,003 | 7,5 |
| 1-MPh | 0,028 | 0,031 | 0,031 | - | 0,030 | 0,002 | 6,3 |
| D | 0,017 | 0,014 | 0,017 | - | 0,016 | 0,002 | 9,7 |
| 4-MDBT | 0,033 | 0,029 | 0,030 | - | 0,031 | 0,002 | 7,3 |
| 2 + 3 - MDBT | 0,021 | 0,020 | 0,021 | - | 0,021 | 0,001 | 3,1 |
| 1 - MDBT | 0,001 | 0,001 | 0,001 | - | 0,001 | 0,000 | 7,1 |

Idem Quadro 11.

Tabela DB. Rácios de diagnóstico obtidos a partir da BD bruta.

| RDs | DB1 | DB2 | DB3 | DB4 | Baile de finalistas | SDs | DER |
|---|---|---|---|---|---|---|---|
| P/F | 1,612 | 1,651 | 1,630 | - | 1,631 | 0,019 | 1,2 |
| $P\frac{1}{8}$-C$_{17}$ | 0,688 | 0,673 | 0,716 | - | 0,692 | 0,022 | 3,2 |
| $_1$F$\frac{1}{8}$-C 8 | 0,469 | 0,447 | 0,479 | - | 0,465 | 0,016 | 3,5 |
| $n$-C29$\frac{1}{8}$-C$_{17}$ | 0,271 | 0,237 | 0,232 | - | 0,246 | 0,021 | 8,6 |
| H29/H30 | - | - | - | - | - | - | - |
| 10 x G30/G30 x C30 | - | - | - | - | - | - | - |
| M30/H30 | - | - | - | - | - | - | - |
| % S27 | 58,78 | 62,06 | 58,64 | - | 59,82 | 1,937 | 3,2 |
| % S28 | 21,39 | 18,82 | 21,80 | - | 20,67 | 1,616 | 7,8 |
| % S29 | 19,84 | 19,13 | 19,57 | - | 19,51 | 0,359 | 1,8 |
| D27/S27 | 1,221 | 1,144 | 1,237 | - | 1,201 | 0,050 | 4,1 |
| IMP | 1,315 | 1,179 | 1,132 | - | 1,209 | 0,095 | 7,9 |
| Rc | 1,163 | 1,089 | 1,063 | - | 1,105 | 0,052 | 4,7 |
| % 4-MeDBT | 60,27 | 58,54 | 57,91 | - | 58,90 | 1,223 | 2,1 |
| % 2+3-MeDBT | 38,65 | 40,40 | 41,07 | - | 40,04 | 1,248 | 3,1 |
| % 1-MeDBT | 1,075 | 1,061 | 1,022 | - | 1,053 | 0,028 | 2,6 |
| DBT/Ph | 0,208 | 0,194 | 0,235 | - | 0,212 | 0,021 | 9,8 |

Idem Quadro 12.

Tabela EA. Desvio padrão relativo obtido a partir das abundâncias relativas do EA bruto.

| RAs | EA1 | EA2 | EA3 | EA4 | Médias | SDs | DER |
|---|---|---|---|---|---|---|---|
| $n$-C9 | 0,083 | 0,078 | - | - | 0,080 | 0,003 | 4,1 |
| $n$-C10 | 0,098 | 0,094 | - | - | 0,096 | 0,003 | 2,9 |
| $n$-C11 | 0,112 | 0,102 | - | - | 0,107 | 0,007 | 6,3 |
| $n$-C12 | 0,084 | 0,081 | - | - | 0,083 | 0,002 | 2,8 |
| $n$-C13 | 0,062 | 0,064 | - | - | 0,063 | 0,001 | 2,4 |
| $n$-C14 | 0,051 | 0,052 | - | - | 0,052 | 0,001 | 1,6 |
| $n$-C15 | 0,048 | 0,047 | - | - | 0,048 | 0,001 | 1,6 |
| $n$-C16 | 0,040 | 0,041 | - | - | 0,041 | 0,001 | 2,2 |
| $n$-C17 | 0,037 | 0,039 | - | - | 0,038 | 0,001 | 3,1 |
| P | 0,029 | 0,030 | - | - | 0,030 | 0,001 | 3,5 |
| $n$-C18 | 0,031 | 0,034 | - | - | 0,033 | 0,002 | 7,3 |
| F | 0,012 | 0,012 | - | - | 0,012 | 0,000 | 1,0 |
| $n$-C19 | 0,032 | 0,035 | - | - | 0,033 | 0,002 | 6,4 |
| $n$-C20 | 0,030 | 0,033 | - | - | 0,031 | 0,002 | 7,2 |
| $n$-C21 | 0,031 | 0,032 | - | - | 0,032 | 0,001 | 1,6 |
| $n$-C22 | 0,032 | 0,032 | - | - | 0,032 | 0,000 | 0,4 |
| $n$-C23 | 0,030 | 0,032 | - | - | 0,031 | 0,002 | 5,3 |
| $n$-C24 | 0,030 | 0,032 | - | - | 0,031 | 0,001 | 4,7 |
| $n$-C25 | 0,031 | 0,032 | - | - | 0,031 | 0,000 | 1,1 |
| $n$-C26 | 0,028 | 0,026 | - | - | 0,027 | 0,001 | 4,1 |
| $n$-C27 | 0,025 | 0,026 | - | - | 0,025 | 0,000 | 2,0 |
| $n$-C28 | 0,020 | 0,020 | - | - | 0,020 | 0,000 | 0,5 |
| $n$-C29 | 0,014 | 0,015 | - | - | 0,015 | 0,001 | 5,7 |
| $n$-C30 | 0,010 | 0,009 | - | - | 0,010 | 0,001 | 6,7 |
| T19 | 0,210 | 0,209 | - | - | 0,209 | 0,000 | 0,2 |
| T20 | 0,040 | 0,038 | - | - | 0,039 | 0,001 | 2,9 |
| T2i | 0,076 | 0,072 | - | - | 0,074 | 0,002 | 3,1 |
| T23 | 0,082 | 0,070 | - | - | 0,076 | 0,008 | 10,6 |
| T24 | 0,056 | 0,054 | - | - | 0,055 | 0,002 | 3,0 |
| T25 | 0,000 | 0,000 | - | - | 0,000 | 0,000 | - |
| T26 (R) | 0,057 | 0,057 | - | - | 0,057 | 0,000 | 0,7 |
| T26(S) | 0,015 | 0,014 | - | - | 0,015 | 0,001 | 5,8 |
| Ts | 0,041 | 0,043 | - | - | 0,042 | 0,001 | 3,3 |
| Tm | 0,048 | 0,050 | - | - | 0,049 | 0,001 | 3,0 |
| H29 | 0,131 | 0,133 | - | - | 0,132 | 0,002 | 1,2 |
| H30 | 0,146 | 0,154 | - | - | 0,150 | 0,005 | 3,6 |
| M30 | 0,012 | 0,012 | - | - | 0,012 | 0,000 | 4,0 |

| | | | | | | | |
|---|---|---|---|---|---|---|---|
| H31(S) | 0,022 | 0,025 | - | - | 0,024 | 0,002 | 9,0 |
| H31(R) | 0,016 | 0,019 | - | - | 0,017 | 0,002 | 10,3 |
| G30 | 0,008 | 0,007 | - | - | 0,008 | 0,000 | 6,2 |
| H32(S) | 0,015 | 0,016 | - | - | 0,015 | 0,001 | 5,9 |
| H32(R) | 0,009 | 0,010 | - | - | 0,010 | 0,001 | 5,6 |
| H33(S) | 0,008 | 0,009 | - | - | 0,009 | 0,001 | 7,6 |
| H33(R) | 0,007 | 0,007 | - | - | 0,007 | 0,000 | 2,5 |
| S20 | 0,198 | 0,195 | - | - | 0,197 | 0,002 | 1,0 |
| S21 | 0,082 | 0,083 | - | - | 0,083 | 0,001 | 1,6 |
| S22 | 0,069 | 0,062 | - | - | 0,065 | 0,005 | 7,6 |
| D27(βs) | 0,144 | 0,144 | - | - | 0,144 | 0,000 | 0,1 |
| D27(βr) | 0,062 | 0,063 | - | - | 0,062 | 0,001 | 1,1 |
| D27 (as) | 0,032 | 0,033 | - | - | 0,033 | 0,001 | 1,9 |
| D27 (ar) | 0,022 | 0,022 | - | - | 0,022 | 0,000 | 1,2 |
| S27 (as) | 0,017 | 0,018 | - | - | 0,017 | 0,001 | 4,7 |
| S27(βr) | 0,130 | 0,134 | - | - | 0,132 | 0,003 | 2,1 |
| S27 (βs) | 0,038 | 0,037 | - | - | 0,037 | 0,001 | 3,4 |
| S27(ar) | 0,013 | 0,014 | - | - | 0,014 | 0,001 | 7,1 |
| S28 (as) | 0,016 | 0,015 | - | - | 0,015 | 0,001 | 6,1 |
| S28(βr) | 0,028 | 0,030 | - | - | 0,029 | 0,001 | 3,9 |
| S28(βs) | 0,019 | 0,019 | - | - | 0,019 | 0,000 | 1,6 |
| S28 (ar) | 0,027 | 0,026 | - | - | 0,027 | 0,000 | 0,7 |
| S29 (as) | 0,038 | 0,039 | - | - | 0,038 | 0,000 | 0,6 |
| S29(βr) | 0,017 | 0,019 | - | - | 0,018 | 0,001 | 7,7 |
| S29(βs) | 0,008 | 0,007 | -- | | 0,008 | 0,001 | 6,6 |
| S29 (αr) | 0,041 | 0,040 | -- | | 0,040 | 0,001 | 1,9 |
| N | 0,050 | 0,051 | -- | | 0,051 | 0,001 | 1,2 |
| 2-MN | 0,112 | 0,102 | -- | | 0,107 | 0,007 | 6,4 |
| 1-MN | 0,078 | 0,079 | -- | | 0,079 | 0,001 | 1,2 |
| 2-PT | 0,021 | 0,022 | -- | | 0,021 | 0,001 | 3,3 |
| 1-PT | 0,013 | 0,015 | -- | | 0,014 | 0,001 | 8,1 |
| 2.6 + 2.7 - DMN | 0,080 | 0,083 | -- | | 0,082 | 0,002 | 2,5 |
| 1.3 + 1.7 - DMN | 0,072 | 0,068 | -- | | 0,070 | 0,003 | 4,1 |
| 1,6 - DMN | 0,047 | 0,050 | -- | | 0,048 | 0,002 | 4,1 |
| 1,4 + 2,3 - DMN | 0,038 | 0,039 | -- | | 0,038 | 0,001 | 2,4 |
| 1,5 - DMN | 0,014 | 0,016 | -- | | 0,015 | 0,001 | 7,8 |
| 1,2 - DMN | 0,031 | 0,031 | -- | | 0,031 | 0,000 | 0,8 |
| 1,3,7 - TMN | 0,049 | 0,051 | -- | | 0,050 | 0,001 | 2,3 |
| 1,3,6 - TMN | 0,059 | 0,062 | -- | | 0,060 | 0,002 | 3,3 |
| 1,3,5 + 1,4,6 - TMN | 0,043 | 0,046 | -- | | 0,045 | 0,002 | 4,8 |
| 2,3,6 - TMN | 0,019 | 0,017 | -- | | 0,018 | 0,002 | 9,4 |
| 1,2,7 + 1,6,7 - TMN | 0,022 | 0,023 | -- | | 0,022 | 0,001 | 3,0 |
| 1,2,6 - TMN | 0,006 | 0,005 | -- | | 0,005 | 0,000 | 6,2 |
| 1,2,4 - TMN | 0,011 | 0,011 | -- | | 0,011 | 0,000 | 0,4 |
| 1,2,5 - TMN | 0,072 | 0,072 | -- | | 0,072 | 0,000 | 0,1 |
| Ph | 0,044 | 0,044 | -- | | 0,044 | 0,000 | 0,1 |
| 3-MPh | 0,020 | 0,019 | -- | | 0,019 | 0,001 | 5,7 |
| 2-MPh | 0,025 | 0,023 | -- | | 0,024 | 0,001 | 4,9 |
| 9-MPh | 0,033 | 0,035 | -- | | 0,034 | 0,001 | 2,4 |
| 1-MPh | 0,021 | 0,019 | -- | | 0,020 | 0,001 | 5,2 |
| D | 0,009 | 0,008 | -- | | 0,009 | 0,001 | 6,9 |
| 4-MDBT | 0,007 | 0,006 | -- | | 0,007 | 0,000 | 7,1 |
| 2 + 3 - MDBT | 0,003 | 0,003 | -- | | 0,003 | 0,000 | 5,9 |
| 1 - MDBT | 0,002 | 0,001 | -- | | 0,002 | 0,000 | 1,3 |

Idem Quadro 11.

Tabela EA. Rácios de diagnóstico obtidos a partir de EA em bruto.

| RDs | EA1 | EA2 | EA3 | EA4 | Baile de finalistas | SDs | DER |
|---|---|---|---|---|---|---|---|
| P/F | 2,392 | 2,550 | - | - | 2,471 | 0,112 | 4,5 |
| P/n-C17 | 0,777 | 0,782 | - | - | 0,780 | 0,004 | 0,5 |
| FZn-Cx8 | 0,389 | 0,346 | - | - | 0,367 | 0,031 | 8,3 |
| n-C19/n-C17 | 0,375 | 0,389 | - | - | 0,382 | 0,010 | 2,6 |
| H29/H30 | 0,894 | 0,864 | - | - | 0,879 | 0,021 | 2,4 |
| 10 x G30/G30 x C30 | 0,085 | 0,076 | - | - | 0,081 | 0,006 | 7,5 |
| M30/H30 | 0,518 | 0,454 | - | - | 0,486 | 0,045 | 9,3 |
| % S27 | 50,55 | 51,01 | - | - | 50,78 | 0,327 | 0,6 |
| % S28 | 22,83 | 22,62 | - | - | 22,72 | 0,150 | 0,7 |
| % S29 | 26,62 | 26,37 | - | - | 26,50 | 0,178 | 0,7 |

| | | | | | | | |
|---|---|---|---|---|---|---|---|
| D27/S27 | 1,309 | 1,291 | - | - | 1,300 | 0,013 | 1,0 |
| IMP | 0,690 | 0,643 | - | - | 0,666 | 0,033 | 5,0 |
| Rc | 0,819 | 0,794 | - | - | 0,806 | 0,018 | 2,3 |
| % 4-MeDBT | 58,72 | 57,79 | - | - | 58,26 | 0,656 | 1,1 |
| % 2+3-MeDBT | 28,35 | 28,39 | - | - | 28,37 | 0,034 | 0,1 |
| % 1-MeDBT | 12,93 | 13,81 | - | - | 13,37 | 0,622 | 4,7 |
| DBT/Ph | 0,205 | 0,186 | - | - | 0,195 | 0,013 | 6,9 |

Idem Quadro 12.

Tabela EB. Desvios-padrão relativos obtidos a partir das abundâncias relativas do EB bruto.

| RAs | EB1 | EB2 | EB3 | EB4 | Médias | SDs | DER |
|---|---|---|---|---|---|---|---|
| n-C9 | 0,064 | 0,067 | - | - | 0,066 | 0,002 | 3,2 |
| n-C10 | 0,089 | 0,088 | - | - | 0,089 | 0,001 | 0,7 |
| n-C11 | 0,102 | 0,098 | - | - | 0,100 | 0,003 | 3,4 |
| n-C12 | 0,091 | 0,089 | - | - | 0,090 | 0,001 | 1,3 |
| n-C13 | 0,071 | 0,073 | - | - | 0,072 | 0,001 | 1,9 |
| n-C14 | 0,058 | 0,060 | - | - | 0,059 | 0,001 | 2,1 |
| n-C15 | 0,052 | 0,053 | - | - | 0,052 | 0,000 | 0,9 |
| n-C16 | 0,045 | 0,045 | - | - | 0,045 | 0,000 | 0,4 |
| n-C17 | 0,043 | 0,041 | - | - | 0,042 | 0,002 | 3,9 |
| P | 0,023 | 0,025 | - | - | 0,024 | 0,001 | 4,2 |
| n-C18 | 0,035 | 0,036 | - | - | 0,035 | 0,001 | 1,4 |
| F | 0,009 | 0,009 | - | - | 0,009 | 0,000 | 3,2 |
| n-C19 | 0,034 | 0,035 | - | - | 0,035 | 0,001 | 2,7 |
| n-C20 | 0,033 | 0,033 | - | - | 0,033 | 0,000 | 0,9 |
| n-C21 | 0,032 | 0,032 | - | - | 0,032 | 0,000 | 0,9 |
| n-C22 | 0,031 | 0,031 | - | - | 0,031 | 0,000 | 0,3 |
| n-C23 | 0,030 | 0,031 | - | - | 0,031 | 0,000 | 0,3 |
| n-C24 | 0,031 | 0,030 | - | - | 0,030 | 0,000 | 0,7 |
| n-C25 | 0,033 | 0,031 | - | - | 0,032 | 0,001 | 4,6 |
| n-C26 | 0,025 | 0,025 | - | - | 0,025 | 0,000 | 0,2 |
| n-C27 | 0,026 | 0,025 | - | - | 0,026 | 0,001 | 3,5 |
| n-C28 | 0,018 | 0,019 | - | - | 0,019 | 0,001 | 6,8 |
| n-C29 | 0,015 | 0,015 | - | - | 0,015 | 0,000 | 1,9 |
| n-C30 | 0,010 | 0,009 | - | - | 0,009 | 0,001 | 6,1 |
| T19 | 0,175 | 0,179 | - | - | 0,177 | 0,003 | 1,6 |
| T20 | 0,032 | 0,030 | - | - | 0,031 | 0,002 | 5,1 |
| T21 | 0,058 | 0,054 | - | - | 0,056 | 0,003 | 4,5 |
| T23 | 0,074 | 0,079 | - | - | 0,077 | 0,004 | 4,9 |
| T24 | 0,040 | 0,039 | - | - | 0,039 | 0,001 | 2,0 |
| T25 | 0,000 | 0,000 | - | - | 0,000 | 0,000 | - |
| T26 (R) | 0,054 | 0,054 | - | - | 0,054 | 0,000 | 0,6 |
| T26 (S) | 0,013 | 0,012 | - | - | 0,012 | 0,000 | 2,3 |
| Ts | 0,036 | 0,037 | - | - | 0,037 | 0,000 | 0,9 |
| Tm | 0,057 | 0,058 | - | - | 0,058 | 0,001 | 1,4 |
| H29 | 0,155 | 0,154 | - | - | 0,155 | 0,001 | 0,6 |
| H30 | 0,193 | 0,187 | - | - | 0,190 | 0,004 | 2,1 |
| M30 | 0,014 | 0,013 | - | - | 0,014 | 0,001 | 6,0 |
| H31(S) | 0,028 | 0,030 | - | - | 0,029 | 0,002 | 5,3 |
| H31 (R) | 0,018 | 0,020 | - | - | 0,019 | 0,001 | 6,0 |
| G30 | 0,007 | 0,007 | - | - | 0,007 | 0,000 | 1,7 |
| H32(S) | 0,018 | 0,019 | - | - | 0,018 | 0,000 | 1,3 |
| H32 (R) | 0,010 | 0,011 | - | - | 0,011 | 0,000 | 3,6 |
| H33(S) | 0,010 | 0,010 | - | - | 0,010 | 0,000 | 4,8 |
| H33 (R) | 0,006 | 0,006 | - | - | 0,006 | 0,000 | 3,7 |
| S | 0,185 | 0,184 | - | - | 0,185 | 0,001 | 0,4 |
| S21 | 0,081 | 0,083 | - | - | 0,082 | 0,001 | 1,2 |
| S | 0,064 | 0,062 | - | - | 0,063 | 0,002 | 2,7 |
| D27(βs) | 0,140 | 0,138 | - | - | 0,139 | 0,001 | 0,7 |
| D27(βr) | 0,061 | 0,062 | - | - | 0,061 | 0,001 | 0,9 |
| D27 (as) | 0,030 | 0,031 | - | - | 0,031 | 0,001 | 3,2 |
| D27 (ar) | 0,020 | 0,022 | - | - | 0,021 | 0,001 | 6,6 |
| S27 (as) | 0,021 | 0,024 | - | - | 0,023 | 0,002 | 7,6 |
| S27(βr) | 0,145 | 0,144 | - | - | 0,144 | 0,001 | 0,5 |
| S27 (βs) | 0,029 | 0,034 | - | - | 0,032 | 0,003 | 9,4 |
| S27 (ar) | 0,015 | 0,013 | - | - | 0,014 | 0,002 | 10,9 |
| S28 (as) | 0,020 | 0,018 | - | - | 0,019 | 0,001 | 5,9 |
| S28(βr) | 0,026 | 0,028 | - | - | 0,027 | 0,002 | 5,6 |
| S28 (βs) | 0,018 | 0,021 | - | - | 0,019 | 0,002 | 10,7 |
| S28 (ar) | 0,027 | 0,026 | - | - | 0,027 | 0,001 | 1,9 |
| S29 (as) | 0,043 | 0,041 | - | - | 0,042 | 0,001 | 3,5 |
| S29(βr) | 0,016 | 0,017 | - | - | 0,017 | 0,001 | 3,0 |
| S29(βs) | 0,010 | 0,010 | -- | | 0,010 | 0,000 | 3,2 |
| S29 (ar) | 0,047 | 0,042 | -- | | 0,045 | 0,004 | 7,9 |
| N | 0,058 | 0,051 | -- | | 0,054 | 0,005 | 9,3 |
| 2-MN | 0,088 | 0,100 | -- | | 0,094 | 0,009 | 9,3 |

| | | | | | | |
|---|---|---|---|---|---|---|
| 1-MN | 0,069 | 0,079 | -- | 0,074 | 0,006 | 8,7 |
| 2-PT | 0,028 | 0,025 | -- | 0,027 | 0,002 | 6,8 |
| 1-PT | 0,017 | 0,016 | -- | 0,016 | 0,001 | 4,4 |
| 2.6 + 2.7 - DMN | 0,084 | 0,096 | -- | 0,090 | 0,008 | 9,2 |
| 1.3 + 1.7 - DMN | 0,067 | 0,063 | -- | 0,065 | 0,003 | 3,9 |
| 1,6 - DMN | 0,044 | 0,043 | -- | 0,044 | 0,001 | 1,7 |
| 1,4 + 2,3 - DMN | 0,042 | 0,044 | -- | 0,043 | 0,001 | 3,5 |
| 1,5 - DMN | 0,019 | 0,017 | -- | 0,018 | 0,001 | 5,8 |
| 1,2 - DMN | 0,038 | 0,033 | -- | 0,036 | 0,004 | 10,4 |
| 1,3,7 - TMN | 0,044 | 0,040 | -- | 0,042 | 0,003 | 6,9 |
| 1,3,6 - TMN | 0,053 | 0,052 | -- | 0,053 | 0,000 | 0,9 |
| 1,3,5 + 1,4,6 - TMN | 0,045 | 0,044 | -- | 0,044 | 0,001 | 1,7 |
| 2,3,6 - TMN | 0,020 | 0,020 | -- | 0,020 | 0,000 | 1,9 |
| 1,2,7 + 1,6,7 - TMN | 0,040 | 0,036 | -- | 0,038 | 0,003 | 8,0 |
| 1,2,6 - TMN | 0,013 | 0,012 | -- | 0,012 | 0,001 | 6,4 |
| 1,2,4 - TMN | 0,013 | 0,012 | -- | 0,012 | 0,001 | 8,3 |
| 1,2,5 - TMN | 0,058 | 0,067 | -- | 0,063 | 0,007 | 11,0 |
| Ph | 0,043 | 0,041 | -- | 0,042 | 0,001 | 3,1 |
| 3-MPh | 0,020 | 0,019 | -- | 0,019 | 0,001 | 5,6 |
| 2-MPh | 0,026 | 0,023 | -- | 0,025 | 0,002 | 6,7 |
| 9-MPh | 0,034 | 0,032 | -- | 0,033 | 0,001 | 3,1 |
| 1-MPh | 0,021 | 0,018 | -- | 0,020 | 0,002 | 7,8 |
| D | 0,004 | 0,005 | -- | 0,005 | 0,000 | 6,4 |
| 4-MDBT | 0,007 | 0,006 | -- | 0,007 | 0,001 | 8,4 |
| 2 + 3 - MDBT | 0,004 | 0,004 | -- | 0,004 | 0,000 | 3,5 |
| 1 - MDBT | 0,001 | 0,001 | -- | 0,001 | 0,000 | 1,5 |

Idem Quadro 11.

Tabela EB. Rácios de diagnóstico obtidos a partir do EB bruto.

| RDs | EB1 | EB2 | EB3 | EB4 | Baile de finalistas | SDs | DER |
|---|---|---|---|---|---|---|---|
| P/F | 2,594 | 2,880 | - | - | 2,737 | 0,202 | 7,4 |
| P/n-C17 | 0,541 | 0,606 | - | - | 0,574 | 0,046 | 8,1 |
| FZn-$C_{18}$ | 0,258 | 0,242 | - | - | 0,250 | 0,012 | 4,6 |
| n-C29⅛-$C_{17}$ | 0,342 | 0,371 | - | - | 0,356 | 0,021 | 5,8 |
| H29/H30 | 0,805 | 0,822 | - | - | 0,813 | 0,012 | 1,5 |
| 10 x G30/G30 x C30 | 0,074 | 0,070 | - | - | 0,072 | 0,003 | 3,9 |
| M30/H30 | 0,344 | 0,346 | - | - | 0,345 | 0,001 | 0,3 |
| % $S_{27}$ | 50,34 | 51,22 | - | - | 50,78 | 0,621 | 1,2 |
| % S28 | 21,72 | 22,43 | - | - | 22,08 | 0,500 | 2,3 |
| % S29 | 27,94 | 26,35 | - | - | 27,14 | 1,121 | 4,1 |
| D27/S27 | 1,189 | 1,184 | - | - | 1,186 | 0,004 | 0,3 |
| IMP | 0,705 | 0,684 | - | - | 0,694 | 0,015 | 2,2 |
| Rc | 0,828 | 0,816 | - | - | 0,822 | 0,008 | 1,0 |
| % 4-MeDBT | 57,96 | 56,05 | - | - | 57,01 | 1,351 | 2,4 |
| % 2+3-MeDBT | 30,69 | 31,84 | - | - | 31,27 | 0,811 | 2,6 |
| % 1-MeDBT | 11,34 | 12,11 | - | - | 11,73 | 0,540 | 4,6 |
| DBT/Ph | 0,100 | 0,114 | - | - | 0,107 | 0,010 | 9,5 |

Idem Quadro 12.

Tabela FI. Desvio-padrão relativo obtido a partir das abundâncias relativas (RAs) do petróleo bruto FI.

| RAs | FI1 | FI2 | FI3 | FI4 | Médias | SDs | DER |
|---|---|---|---|---|---|---|---|
| n-C9 | 0,057 | 0,061 | 0,057 | - | 0,058 | 0,002 | 3,8 |
| n-C10 | 0,060 | 0,062 | 0,051 | - | 0,058 | 0,006 | 10,1 |
| n-C11 | 0,062 | 0,061 | 0,054 | - | 0,059 | 0,004 | 7,1 |
| n-C12 | 0,059 | 0,058 | 0,052 | - | 0,057 | 0,004 | 7,4 |
| n-C13 | 0,055 | 0,054 | 0,056 | - | 0,055 | 0,001 | 1,9 |
| n-C14 | 0,054 | 0,053 | 0,056 | - | 0,055 | 0,002 | 3,1 |
| n-C15 | 0,056 | 0,055 | 0,056 | - | 0,056 | 0,001 | 1,4 |
| n-C16 | 0,057 | 0,052 | 0,055 | - | 0,054 | 0,002 | 4,1 |
| n-C17 | 0,049 | 0,052 | 0,055 | - | 0,052 | 0,003 | 5,8 |
| P | 0,034 | 0,034 | 0,036 | - | 0,035 | 0,002 | 4,3 |
| n-C18 | 0,045 | 0,046 | 0,049 | - | 0,047 | 0,002 | 4,0 |
| F | 0,017 | 0,018 | 0,020 | - | 0,019 | 0,001 | 7,9 |
| n-C19 | 0,046 | 0,047 | 0,049 | - | 0,047 | 0,001 | 2,9 |
| n-C20 | 0,044 | 0,043 | 0,045 | - | 0,044 | 0,001 | 2,3 |
| n-C21 | 0,042 | 0,044 | 0,045 | - | 0,044 | 0,002 | 3,9 |
| n-C22 | 0,040 | 0,041 | 0,042 | - | 0,041 | 0,001 | 2,2 |
| n-C23 | 0,039 | 0,039 | 0,039 | - | 0,039 | 0,000 | 0,4 |
| n-C24 | 0,037 | 0,037 | 0,038 | - | 0,037 | 0,001 | 1,9 |
| n-C25 | 0,035 | 0,035 | 0,037 | - | 0,036 | 0,001 | 2,2 |
| n-C26 | 0,029 | 0,029 | 0,029 | - | 0,029 | 0,000 | 1,1 |
| n-C27 | 0,026 | 0,026 | 0,026 | - | 0,026 | 0,000 | 1,6 |
| n-C28 | 0,023 | 0,020 | 0,021 | - | 0,021 | 0,002 | 7,4 |
| n-C29 | 0,020 | 0,018 | 0,018 | - | 0,019 | 0,001 | 6,1 |

| | | | | | | | |
|---|---|---|---|---|---|---|---|
| n-C30 | 0,013 | 0,014 | 0,013 | - | 0,013 | 0,000 | 3,7 |
| T19 | 0,159 | 0,145 | 0,144 | - | 0,149 | 0,008 | 5,6 |
| T20 | 0,044 | 0,044 | 0,041 | - | 0,043 | 0,002 | 3,5 |
| T2i | 0,109 | 0,111 | 0,107 | - | 0,109 | 0,002 | 1,9 |
| T23 | 0,119 | 0,114 | 0,108 | - | 0,114 | 0,005 | 4,8 |
| T24 | 0,083 | 0,085 | 0,083 | - | 0,084 | 0,001 | 1,1 |
| T25 | 0,000 | 0,000 | 0,000 | - | 0,000 | 0,000 | #DIV/0! |
| T26(R) | 0,063 | 0,065 | 0,066 | - | 0,065 | 0,002 | 2,5 |
| T26 (S) | 0,021 | 0,022 | 0,021 | - | 0,021 | 0,001 | 3,3 |
| Ts | 0,058 | 0,058 | 0,056 | - | 0,057 | 0,001 | 2,1 |
| Tm | 0,039 | 0,043 | 0,039 | - | 0,040 | 0,002 | 5,9 |
| H29 | 0,066 | 0,069 | 0,073 | - | 0,069 | 0,004 | 5,1 |
| H30 | 0,151 | 0,154 | 0,170 | - | 0,158 | 0,010 | 6,6 |
| M30 | 0,012 | 0,013 | 0,014 | - | 0,013 | 0,001 | 8,2 |
| H31(S) | 0,021 | 0,019 | 0,019 | - | 0,019 | 0,001 | 5,5 |
| H31(R) | 0,016 | 0,015 | 0,016 | - | 0,016 | 0,001 | 4,6 |
| G30 | 0,014 | 0,014 | 0,013 | - | 0,014 | 0,001 | 3,8 |
| H32(S) | 0,012 | 0,013 | 0,013 | - | 0,013 | 0,000 | 3,1 |
| H32(R) | 0,006 | 0,007 | 0,007 | - | 0,007 | 0,001 | 8,6 |
| H33(S) | 0,006 | 0,007 | 0,007 | - | 0,007 | 0,000 | 5,1 |
| H33(R) | 0,003 | 0,003 | 0,003 | - | 0,003 | 0,000 | 6,3 |
| S20 | 0,197 | 0,190 | 0,182 | - | 0,190 | 0,007 | 3,9 |
| S21 | 0,105 | 0,103 | 0,106 | - | 0,104 | 0,002 | 1,6 |
| S22 | 0,082 | 0,080 | 0,083 | - | 0,082 | 0,002 | 2,2 |
| D27($\beta$s) | 0,160 | 0,151 | 0,148 | - | 0,153 | 0,006 | 4,1 |
| D27 ($\beta$r) | 0,059 | 0,060 | 0,056 | - | 0,058 | 0,002 | 3,8 |
| D27($\alpha$s) | 0,026 | 0,027 | 0,028 | - | 0,027 | 0,001 | 2,2 |
| D27(ar) | 0,018 | 0,020 | 0,021 | - | 0,020 | 0,001 | 6,8 |
| S27 (as) | 0,024 | 0,024 | 0,023 | - | 0,024 | 0,001 | 2,8 |
| S27($\beta$r) | 0,105 | 0,114 | 0,109 | - | 0,109 | 0,005 | 4,4 |
| S27 ($\beta$s) | 0,044 | 0,051 | 0,051 | - | 0,049 | 0,004 | 8,9 |
| S27 (ar) | 0,011 | 0,011 | 0,010 | - | 0,010 | 0,001 | 4,8 |
| S28 (as) | 0,004 | 0,005 | 0,005 | - | 0,005 | 0,001 | 10,4 |
| S28($\beta$r) | 0,033 | 0,034 | 0,035 | - | 0,034 | 0,001 | 2,8 |
| S28 ($\beta$s) | 0,010 | 0,011 | 0,012 | - | 0,011 | 0,001 | 10,0 |
| S28 (ar) | 0,026 | 0,029 | 0,030 | - | 0,028 | 0,002 | 7,4 |
| S29 (as) | 0,035 | 0,034 | 0,039 | - | 0,036 | 0,003 | 7,1 |
| S29($\beta$r) | 0,012 | 0,013 | 0,012 | - | 0,012 | 0,001 | 4,2 |
| S29($\beta$s) | 0,008 | 0,008 | 0,008 | - | 0,008 | 0,000 | 1,5 |
| S29 (ar) | 0,038 | 0,035 | 0,040 | - | 0,038 | 0,002 | 6,6 |
| N | 0,063 | 0,065 | 0,071 | - | 0,066 | 0,004 | 6,7 |
| 2-MN | 0,085 | 0,084 | 0,080 | - | 0,083 | 0,003 | 3,0 |
| 1-MN | 0,072 | 0,065 | 0,062 | - | 0,066 | 0,005 | 7,7 |
| 2-PT | 0,022 | 0,023 | 0,020 | - | 0,021 | 0,002 | 7,2 |
| 1-PT | 0,009 | 0,010 | 0,009 | - | 0,009 | 0,001 | 8,5 |
| 2.6 + 2.7 - DMN | 0,101 | 0,103 | 0,118 | - | 0,107 | 0,009 | 8,6 |
| 1.3 + 1.7 - DMN | 0,037 | 0,042 | 0,043 | - | 0,041 | 0,003 | 7,5 |
| 1,6 - DMN | 0,042 | 0,047 | 0,042 | - | 0,044 | 0,003 | 5,8 |
| 1,4 + 2,3 - DMN | 0,040 | 0,041 | 0,039 | - | 0,040 | 0,001 | 2,7 |
| 1,5 - DMN | 0,013 | 0,015 | 0,015 | - | 0,014 | 0,001 | 8,6 |
| 1,2 - DMN | 0,021 | 0,020 | 0,020 | - | 0,020 | 0,001 | 3,7 |
| 1,3,7 - TMN | 0,048 | 0,044 | 0,048 | - | 0,047 | 0,002 | 4,9 |
| 1,3,6 - TMN | 0,055 | 0,054 | 0,053 | - | 0,054 | 0,001 | 2,2 |
| 1,3,5 + 1,4,6 - TMN | 0,023 | 0,021 | 0,021 | - | 0,022 | 0,001 | 4,8 |
| 2,3,6 - TMN | 0,022 | 0,020 | 0,021 | - | 0,021 | 0,001 | 3,6 |
| 1,2,7 + 1,6,7 - TMN | 0,016 | 0,019 | 0,018 | - | 0,018 | 0,001 | 7,1 |
| 1,2,6 - TMN | 0,020 | 0,022 | 0,022 | - | 0,022 | 0,001 | 5,3 |
| 1,2,4 - TMN | 0,008 | 0,010 | 0,009 | - | 0,009 | 0,001 | 8,4 |
| 1,2,5 - TMN | 0,048 | 0,048 | 0,049 | - | 0,048 | 0,000 | 0,7 |
| Ph | 0,059 | 0,055 | 0,050 | - | 0,055 | 0,004 | 7,5 |
| 3-MPh | 0,038 | 0,040 | 0,041 | - | 0,040 | 0,001 | 2,9 |
| 2-MPh | 0,049 | 0,046 | 0,041 | - | 0,045 | 0,004 | 8,0 |
| 9-MPh | 0,045 | 0,042 | 0,040 | - | 0,042 | 0,002 | 5,3 |
| 1-MPh | 0,031 | 0,031 | 0,034 | - | 0,032 | 0,002 | 5,2 |
| D | 0,016 | 0,015 | 0,013 | - | 0,015 | 0,001 | 8,7 |
| 4-MDBT | 0,010 | 0,011 | 0,012 | - | 0,011 | 0,001 | 6,6 |
| 2 + 3 - MDBT | 0,006 | 0,006 | 0,007 | - | 0,007 | 0,001 | 11,4 |
| 1 - MDBT | 0,002 | 0,002 | 0,002 | - | 0,002 | 0,000 | 1,1 |

Idem Quadro 11.

Tabela FI. Razões de diagnóstico obtidas a partir de petróleo bruto FI.

| RDs | FI1 | FI2 | FI3 | FI4 | Baile de finalistas | SDs | DER |
|---|---|---|---|---|---|---|---|
| P/F | 1,937 | 1,858 | 1,799 | - | 1,865 | 0,070 | 3,7 |
| PZn-C$_{17}$ | 0,681 | 0,657 | 0,659 | - | 0,666 | 0,014 | 2,0 |
| FZn-C$_{18}$ | 0,387 | 0,397 | 0,418 | - | 0,401 | 0,016 | 3,9 |
| $_2$n-C $_{\%-C17}$ | 0,402 | 0,341 | 0,327 | - | 0,357 | 0,040 | 11,2 |
| H29/H30 | 0,435 | 0,448 | 0,428 | - | 0,437 | 0,010 | 2,3 |
| 10 x G30G30 x C30 | 0,078 | 0,085 | 0,081 | - | 0,081 | 0,004 | 4,5 |
| M30/H30 | 0,828 | 0,855 | 0,727 | - | 0,803 | 0,068 | 8,4 |
| % S27 | 52,25 | 54,43 | 51,34 | - | 52,67 | 1,590 | 3,0 |
| % S$_{18}$ | 21,22 | 21,11 | 22,24 | - | 21,52 | 0,627 | 2,9 |
| % S29 | 26,53 | 24,46 | 26,41 | - | 25,80 | 1,165 | 4,5 |
| D/S$_{27\ 27}$ | 1,439 | 1,289 | 1,310 | - | 1,346 | 0,081 | 6,0 |
| IMP | 0,975 | 1,010 | 0,990 | - | 0,992 | 0,017 | 1,8 |
| Rc | 0,976 | 0,995 | 0,985 | - | 0,985 | 0,010 | 1,0 |
| % 4-MeDBT | 57,75 | 58,76 | 56,32 | - | 57,61 | 1,226 | 2,1 |
| % 2+3-MeDBT | 33,70 | 33,28 | 36,29 | - | 34,42 | 1,632 | 4,7 |
| % 1-MeDBT | 8,549 | 7,957 | 7,384 | - | 7,963 | 0,582 | 7,3 |
| DBTZPh | 0,273 | 0,275 | 0,266 | - | 0,271 | 0,004 | 1,6 |

Idem Quadro 12.

Tabela FM. Desvio padrão relativo obtido a partir das abundâncias relativas do FM bruto.

| RAs | FMI | FM2 | FM3 | FM4 | Médias | SDs | DER |
|---|---|---|---|---|---|---|---|
| n-C9 | 0,002 | 0,002 | - | - | 0,002 | 0,000 | 1,5 |
| n-C10 | 0,003 | 0,004 | - | - | 0,003 | 0,000 | 8,6 |
| n-C11 | 0,006 | 0,007 | - | - | 0,007 | 0,001 | 8,3 |
| n-C12 | 0,016 | 0,017 | - | - | 0,017 | 0,000 | 1,6 |
| n-C13 | 0,030 | 0,031 | - | - | 0,031 | 0,001 | 2,4 |
| n-C14 | 0,046 | 0,048 | - | - | 0,047 | 0,002 | 3,5 |
| n-C15 | 0,061 | 0,061 | - | - | 0,061 | 0,000 | 0,2 |
| n-Ci6 | 0,065 | 0,064 | - | - | 0,064 | 0,001 | 1,1 |
| n-C17 | 0,068 | 0,070 | - | - | 0,069 | 0,001 | 1,6 |
| P | 0,045 | 0,046 | - | - | 0,046 | 0,001 | 1,6 |
| n-C18 | 0,063 | 0,063 | - | - | 0,063 | 0,001 | 0,9 |
| F | 0,025 | 0,027 | - | - | 0,026 | 0,001 | 4,8 |
| n-C19 | 0,066 | 0,063 | - | - | 0,064 | 0,002 | 3,0 |
| n-C20 | 0,062 | 0,062 | - | - | 0,062 | 0,000 | 0,0 |
| n-C21 | 0,061 | 0,061 | - | - | 0,061 | 0,000 | 0,5 |
| n-C22 | 0,058 | 0,059 | - | - | 0,059 | 0,000 | 0,4 |
| n-C23 | 0,056 | 0,057 | - | - | 0,056 | 0,001 | 1,9 |
| n-C24 | 0,054 | 0,052 | - | - | 0,053 | 0,002 | 2,9 |
| n-C25 | 0,053 | 0,047 | - | - | 0,050 | 0,004 | 7,1 |
| n-C26 | 0,043 | 0,043 | - | - | 0,043 | 0,000 | 0,1 |
| n-C27 | 0,042 | 0,039 | - | - | 0,041 | 0,002 | 5,4 |
| n-C28 | 0,033 | 0,033 | - | - | 0,033 | 0,000 | 0,1 |
| n-C29 | 0,025 | 0,028 | - | - | 0,027 | 0,002 | 6,3 |
| n-C30 | 0,017 | 0,018 | - | - | 0,018 | 0,001 | 3,2 |
| T19 | 0,107 | 0,108 | - | - | 0,107 | 0,000 | 0,3 |
| T20 | 0,015 | 0,017 | - | - | 0,016 | 0,001 | 8,7 |
| T2i | 0,107 | 0,104 | - | - | 0,105 | 0,003 | 2,5 |
| T23 | 0,143 | 0,142 | - | - | 0,142 | 0,001 | 0,5 |
| T24 | 0,086 | 0,079 | - | - | 0,083 | 0,005 | 5,6 |
| T25 | 0,000 | 0,000 | - | - | 0,000 | 0,000 | - |
| T26(R) | 0,073 | 0,075 | - | - | 0,074 | 0,001 | 1,0 |
| T26(S) | 0,028 | 0,029 | - | - | 0,029 | 0,001 | 3,0 |
| Ts | 0,066 | 0,064 | - | - | 0,065 | 0,002 | 2,4 |
| Tm | 0,049 | 0,053 | - | - | 0,051 | 0,003 | 5,6 |
| H29 | 0,056 | 0,061 | - | - | 0,058 | 0,004 | 6,3 |
| H30 | 0,156 | 0,149 | - | - | 0,153 | 0,005 | 3,4 |
| M30 | 0,013 | 0,014 | - | - | 0,013 | 0,001 | 5,9 |
| H31(S) | 0,028 | 0,031 | - | - | 0,030 | 0,002 | 7,0 |
| H31 (R) | 0,019 | 0,021 | - | - | 0,020 | 0,001 | 7,1 |
| G30 | 0,011 | 0,011 | - | - | 0,011 | 0,000 | 1,0 |
| H32(S) | 0,016 | 0,015 | - | - | 0,016 | 0,000 | 1,8 |
| H32 (R) | 0,011 | 0,012 | - | - | 0,011 | 0,001 | 6,7 |
| H33(S) | 0,009 | 0,010 | - | - | 0,010 | 0,000 | 1,2 |
| H33 (R) | 0,007 | 0,006 | - | - | 0,006 | 0,000 | 2,0 |
| S20 | 0,180 | 0,167 | - | - | 0,174 | 0,009 | 5,4 |
| S21 | 0,089 | 0,092 | - | - | 0,090 | 0,003 | 2,9 |
| S22 | 0,080 | 0,078 | - | - | 0,079 | 0,002 | 2,0 |
| D27($\beta$s) | 0,142 | 0,144 | - | - | 0,143 | 0,002 | 1,3 |
| D27($\beta$r) | 0,060 | 0,060 | - | - | 0,060 | 0,000 | 0,8 |
| D27($\alpha$s) | 0,026 | 0,025 | - | - | 0,025 | 0,001 | 2,9 |
| D27(ar) | 0,055 | 0,058 | - | - | 0,057 | 0,002 | 3,3 |

| | | | | | | | |
|---|---|---|---|---|---|---|---|
| s27 (as) | 0,011 | 0,011 | - | - | 0,011 | 0,000 | 1,9 |
| s27(βr) | 0,116 | 0,113 | - | - | 0,115 | 0,002 | 1,5 |
| s27 (βs) | 0,056 | 0,052 | - | - | 0,054 | 0,003 | 5,1 |
| s27 (ar) | 0,010 | 0,011 | - | - | 0,011 | 0,000 | 3,8 |
| s28 (as) | 0,012 | 0,012 | - | - | 0,012 | 0,000 | 2,9 |
| s28(βr) | 0,047 | 0,046 | - | - | 0,047 | 0,000 | 1,0 |
| s28 (βs) | 0,010 | 0,011 | - | - | 0,010 | 0,001 | 8,5 |
| s28 (ar) | 0,020 | 0,022 | - | - | 0,021 | 0,002 | 8,3 |
| s29 (as) | 0,034 | 0,039 | - | - | 0,037 | 0,003 | 9,3 |
| s29(βr) | 0,016 | 0,017 | - | - | 0,016 | 0,001 | 4,2 |
| ₂S 9(βs) | 0,007 | 0,006 | -- | | 0,006 | 0,000 | 4,0 |
| s29 (αr) | 0,031 | 0,034 | -- | | 0,032 | 0,002 | 7,5 |
| N | 0,057 | 0,063 | -- | | 0,060 | 0,004 | 7,1 |
| 2-MN | 0,062 | 0,066 | -- | | 0,064 | 0,003 | 5,0 |
| 1-MN | 0,049 | 0,053 | -- | | 0,051 | 0,003 | 5,1 |
| 2-PT | 0,026 | 0,027 | -- | | 0,026 | 0,001 | 3,1 |
| 1-PT | 0,010 | 0,009 | -- | | 0,009 | 0,000 | 5,0 |
| 2.6 + 2.7 - DMN | 0,066 | 0,067 | -- | | 0,067 | 0,001 | 1,0 |
| 1.3 + 1.7 - DMN | 0,060 | 0,059 | -- | | 0,060 | 0,000 | 0,2 |
| 1,6 - DMN | 0,045 | 0,047 | -- | | 0,046 | 0,001 | 2,1 |
| 1,4 + 2,3 - DMN | 0,027 | 0,029 | -- | | 0,028 | 0,001 | 4,5 |
| 1,5 - DMN | 0,015 | 0,015 | -- | | 0,015 | 0,000 | 1,0 |
| 1,2 - DMN | 0,028 | 0,028 | -- | | 0,028 | 0,000 | 1,4 |
| 1,3,7 - TMN | 0,029 | 0,029 | -- | | 0,029 | 0,000 | 0,1 |
| 1,3,6 - TMN | 0,062 | 0,071 | -- | | 0,066 | 0,006 | 9,0 |
| 1,3,5 + 1,4,6 - TMN | 0,046 | 0,043 | -- | | 0,044 | 0,002 | 4,5 |
| 2,3,6 - TMN | 0,031 | 0,030 | -- | | 0,031 | 0,001 | 2,9 |
| 1,2,7 + 1,6,7 - TMN | 0,044 | 0,045 | -- | | 0,044 | 0,000 | 0,7 |
| 1,2,6 - TMN | 0,033 | 0,032 | -- | | 0,033 | 0,001 | 3,4 |
| 1,2,4 - TMN | 0,009 | 0,008 | -- | | 0,008 | 0,000 | 4,9 |
| 1,2,5 - TMN | 0,044 | 0,040 | -- | | 0,042 | 0,003 | 7,0 |
| Ph | 0,059 | 0,057 | -- | | 0,058 | 0,002 | 2,8 |
| 3-MPh | 0,038 | 0,036 | -- | | 0,037 | 0,001 | 4,0 |
| 2-MPh | 0,048 | 0,042 | -- | | 0,045 | 0,004 | 9,6 |
| 9-MPh | 0,043 | 0,038 | -- | | 0,040 | 0,004 | 10,1 |
| 1-MPh | 0,030 | 0,031 | -- | | 0,031 | 0,001 | 2,2 |
| D | 0,017 | 0,016 | -- | | 0,016 | 0,001 | 4,8 |
| 4-MDBT | 0,012 | 0,012 | -- | | 0,012 | 0,000 | 1,7 |
| 2 + 3 - MDBT | 0,008 | 0,007 | -- | | 0,008 | 0,001 | 7,2 |
| 1 - MDBT | 0,001 | 0,001 | -- | | 0,001 | 0,000 | 0,4 |

Idem Quadro 11.

Tabela FM. Rácios de diagnóstico obtidos a partir do FM em bruto.

| RDs | FM1 | FM2 | FM3 | FM4 | Baile de finalistas | SDs | DER |
|---|---|---|---|---|---|---|---|
| P/F | 1,804 | 1,727 | - | - | 1,766 | 0,055 | 3,1 |
| PZn-C$_{17}$ | 0,666 | 0,667 | - | - | 0,666 | 0,000 | 0,0 |
| FZn-C$_{18}$ | 0,396 | 0,429 | - | - | 0,413 | 0,023 | 5,7 |
| ₂n-C 9⅛-C$_{17}$ | 0,373 | 0,398 | - | - | 0,385 | 0,018 | 4,7 |
| H29/H30 | 0,357 | 0,410 | - | - | 0,384 | 0,037 | 9,7 |
| 10 x G3₀G3₀ x C30 | 0,082 | 0,093 | - | - | 0,087 | 0,008 | 9,2 |
| M30/H30 | 0,655 | 0,694 | - | - | 0,675 | 0,028 | 4,1 |
| % s27 | 52,40 | 49,98 | - | - | 51,19 | 1,710 | 3,3 |
| % S$_{18}$ | 23,90 | 24,39 | - | - | 24,15 | 0,346 | 1,4 |
| % s29 | 23,70 | 25,62 | - | - | 24,66 | 1,364 | 5,5 |
| D/S$_{27\ 27}$ | 1,464 | 1,532 | - | - | 1,498 | 0,049 | 3,2 |
| IMP | 0,962 | 0,920 | - | - | 0,941 | 0,030 | 3,2 |
| Rc | 0,969 | 0,946 | - | - | 0,958 | 0,016 | 1,7 |
| % 4-MeDBT | 56,43 | 59,17 | - | - | 57,80 | 1,936 | 3,3 |
| % 2+3-MeDBT | 37,56 | 34,71 | - | - | 36,14 | 2,011 | 5,6 |
| % 1-MeDBT | 6,012 | 6,119 | - | - | 6,066 | 0,075 | 1,2 |
| DBTZPh | 0,284 | 0,276 | - | - | 0,280 | 0,006 | 2,0 |

Idem Quadro 12.

Tabela FS. Desvio padrão relativo obtido a partir das abundâncias relativas do FS bruto.

| RAs | FS1 | FS2 | FS3 | FS4 | Médias | SDs | DER |
|---|---|---|---|---|---|---|---|
| n-C9 | 0,046 | 0,048 | - | - | 0,047 | 0,001 | 2,5 |
| n-C10 | 0,058 | 0,062 | - | - | 0,060 | 0,003 | 5,2 |
| n-C11 | 0,069 | 0,065 | - | - | 0,067 | 0,003 | 3,9 |
| n-C12 | 0,059 | 0,052 | - | - | 0,056 | 0,005 | 8,6 |

| | | | | | | | |
|---|---|---|---|---|---|---|---|
| n-C$_{13}$ | 0,057 | 0,055 | - | - | 0,056 | 0,001 | 2,0 |
| n-C$_{14}$ | 0,054 | 0,053 | - | - | 0,053 | 0,001 | 1,5 |
| II-C$_{15}$ | 0,055 | 0,059 | - | - | 0,057 | 0,003 | 5,3 |
| n-C$_{16}$ | 0,055 | 0,055 | - | - | 0,055 | 0,000 | 0,3 |
| n-C$_{17}$ | 0,051 | 0,055 | - | - | 0,053 | 0,003 | 5,0 |
| P | 0,035 | 0,038 | - | - | 0,037 | 0,002 | 5,5 |
| n-C$_{18}$ | 0,048 | 0,049 | - | - | 0,048 | 0,001 | 1,3 |
| F | 0,018 | 0,020 | - | - | 0,019 | 0,001 | 5,6 |
| n-C$_{19}$ | 0,047 | 0,049 | - | - | 0,048 | 0,001 | 3,1 |
| n-C$_{20}$ | 0,044 | 0,044 | - | - | 0,044 | 0,000 | 0,8 |
| n-C$_{21}$ | 0,041 | 0,046 | - | - | 0,043 | 0,004 | 9,0 |
| n-C$_{22}$ | 0,045 | 0,041 | - | - | 0,043 | 0,003 | 6,3 |
| n-C$_{23}$ | 0,040 | 0,037 | - | - | 0,038 | 0,002 | 4,0 |
| n-C$_{24}$ | 0,038 | 0,037 | - | - | 0,038 | 0,001 | 1,5 |
| n-C$_{25}$ | 0,035 | 0,034 | - | - | 0,034 | 0,000 | 0,5 |
| n-C$_{26}$ | 0,030 | 0,028 | - | - | 0,029 | 0,001 | 3,3 |
| n-C$_{27}$ | 0,027 | 0,024 | - | - | 0,025 | 0,002 | 8,4 |
| n-C$_{28}$ | 0,023 | 0,022 | - | - | 0,023 | 0,001 | 2,9 |
| n-C$_{29}$ | 0,017 | 0,016 | - | - | 0,016 | 0,000 | 2,6 |
| n-C$_{30}$ | 0,009 | 0,009 | - | - | 0,009 | 0,000 | 3,4 |
| T$_{19}$ | 0,156 | 0,153 | - | - | 0,154 | 0,002 | 1,3 |
| T$_{20}$ | 0,040 | 0,038 | - | - | 0,039 | 0,001 | 3,4 |
| T$_{21}$ | 0,106 | 0,099 | - | - | 0,103 | 0,005 | 5,1 |
| T$_{23}$ | 0,110 | 0,105 | - | - | 0,107 | 0,004 | 3,3 |
| T$_{24}$ | 0,077 | 0,070 | - | - | 0,073 | 0,005 | 6,6 |
| T$_{25}$ | 0,000 | 0,000 | - | - | 0,000 | 0,000 | - |
| T$_{26}$(R) | 0,058 | 0,053 | - | - | 0,056 | 0,004 | 6,7 |
| T$_{26}$(S) | 0,020 | 0,023 | - | - | 0,021 | 0,003 | 12,1 |
| Ts | 0,052 | 0,058 | - | - | 0,055 | 0,004 | 6,8 |
| Tm | 0,037 | 0,042 | - | - | 0,040 | 0,004 | 9,2 |
| H$_{29}$ | 0,056 | 0,063 | - | - | 0,059 | 0,005 | 8,1 |
| H$_{30}$ | 0,169 | 0,171 | - | - | 0,170 | 0,002 | 1,0 |
| M$_{30}$ | 0,014 | 0,015 | - | - | 0,015 | 0,001 | 4,9 |
| H$_{31}$(S) | 0,026 | 0,027 | - | - | 0,027 | 0,001 | 3,9 |
| H$_{31}$(R) | 0,018 | 0,019 | - | - | 0,019 | 0,000 | 2,2 |
| G$_{30}$ | 0,012 | 0,012 | - | - | 0,012 | 0,000 | 2,3 |
| H$_{32}$(S) | 0,015 | 0,016 | - | - | 0,016 | 0,001 | 3,5 |
| H$_{32}$(R) | 0,014 | 0,015 | - | - | 0,014 | 0,001 | 6,4 |
| H$_{33}$(S) | 0,010 | 0,011 | - | - | 0,011 | 0,000 | 4,3 |
| H$_{33}$(R) | 0,010 | 0,010 | - | - | 0,010 | 0,000 | 3,1 |
| S$_{20}$ | 0,197 | 0,192 | - | - | 0,194 | 0,004 | 1,8 |
| S$_{21}$ | 0,090 | 0,084 | - | - | 0,087 | 0,004 | 4,5 |
| S$_{22}$ | 0,083 | 0,090 | - | - | 0,087 | 0,005 | 5,8 |
| D$_{27}$($\beta$s) | 0,137 | 0,131 | - | - | 0,134 | 0,004 | 3,2 |
| D$_{27}$($\beta$r) | 0,056 | 0,054 | - | - | 0,055 | 0,001 | 2,7 |
| D$_{27}$(as) | 0,023 | 0,023 | - | - | 0,023 | 0,000 | 0,8 |
| D$_{27}$(ar) | 0,051 | 0,059 | - | - | 0,055 | 0,005 | 9,6 |
| S$_{27}$(as) | 0,009 | 0,010 | - | - | 0,009 | 0,001 | 8,4 |
| S$_{27}$($\beta$r) | 0,098 | 0,107 | - | - | 0,103 | 0,006 | 6,3 |
| S$_{27}$($\beta$s) | 0,054 | 0,049 | - | - | 0,052 | 0,003 | 6,7 |
| S$_{27}$(ar) | 0,012 | 0,013 | - | - | 0,012 | 0,000 | 2,2 |
| S$_{28}$(as) | 0,011 | 0,012 | - | - | 0,011 | 0,001 | 5,7 |
| S$_{28}$($\beta$r) | 0,036 | 0,035 | - | - | 0,035 | 0,001 | 2,3 |
| S$_{28}$($\beta$s) | 0,013 | 0,012 | - | - | 0,013 | 0,001 | 7,4 |
| S$_{28}$(ar) | 0,032 | 0,029 | - | - | 0,031 | 0,002 | 5,7 |
| S$_{29}$(as) | 0,033 | 0,035 | - | - | 0,034 | 0,001 | 2,8 |
| S$_{29}$($\beta$r) | 0,016 | 0,017 | - | - | 0,017 | 0,001 | 4,5 |
| S$_{29}$($\beta$s) | 0,010 | 0,010 | - | - | 0,010 | 0,000 | 4,2 |
| S$_{29}$($\alpha$r) | 0,037 | 0,038 | - | - | 0,038 | 0,001 | 2,0 |
| N | 0,089 | 0,085 | - | - | 0,087 | 0,003 | 3,4 |
| 2-MN | 0,088 | 0,091 | - | - | 0,090 | 0,002 | 2,4 |
| 1-MN | 0,068 | 0,072 | - | - | 0,070 | 0,003 | 4,2 |
| 2-PT | 0,028 | 0,029 | - | - | 0,029 | 0,000 | 0,2 |
| 1-PT | 0,009 | 0,010 | - | - | 0,010 | 0,001 | 8,2 |
| 2.6 + 2.7 - DMN | 0,089 | 0,090 | - | - | 0,090 | 0,000 | 0,3 |
| 1.3 + 1.7 - DMN | 0,034 | 0,037 | - | - | 0,036 | 0,002 | 5,5 |
| 1,6 - DMN | 0,025 | 0,026 | - | - | 0,025 | 0,001 | 3,6 |
| 1,4 + 2,3 - DMN | 0,045 | 0,046 | - | - | 0,045 | 0,001 | 2,5 |
| 1,5 - DMN | 0,015 | 0,014 | - | - | 0,015 | 0,001 | 5,5 |
| 1,2 - DMN | 0,024 | 0,027 | - | - | 0,026 | 0,002 | 6,7 |
| 1,3,7 - TMN | 0,045 | 0,045 | - | - | 0,045 | 0,000 | 0,4 |
| 1,3,6 - TMN | 0,055 | 0,055 | - | - | 0,055 | 0,000 | 0,1 |
| 1,3,5 + 1,4,6 - TMN | 0,025 | 0,027 | - | - | 0,026 | 0,002 | 6,9 |

| | | | | | | | |
|---|---|---|---|---|---|---|---|
| **2,3,6 - TMN** | 0,023 | 0,021 | - | - | 0,022 | 0,002 | 7,9 |
| **1,2,7 + 1,6,7 - TMN** | 0,021 | 0,022 | - | - | 0,022 | 0,001 | 5,7 |
| **1,2,6 - TMN** | 0,004 | 0,003 | - | - | 0,003 | 0,000 | 7,4 |
| **1,2,4 - TMN** | 0,009 | 0,008 | - | - | 0,009 | 0,001 | 8,6 |
| **1,2,5 - TMN** | 0,052 | 0,052 | - | - | 0,052 | 0,000 | 0,9 |
| **Ph** | 0,058 | 0,057 | - | - | 0,058 | 0,001 | 1,2 |
| **3-MPh** | 0,041 | 0,039 | - | - | 0,040 | 0,001 | 3,6 |
| **2-MPh** | 0,050 | 0,047 | - | - | 0,048 | 0,002 | 3,5 |
| **9-MPh** | 0,043 | 0,042 | - | - | 0,042 | 0,001 | 2,5 |
| **1-MPh** | 0,034 | 0,030 | - | - | 0,032 | 0,003 | 8,2 |
| **D** | 0,005 | 0,005 | - | - | 0,005 | 0,000 | 3,6 |
| **4-MDBT** | 0,012 | 0,010 | - | - | 0,011 | 0,001 | 8,8 |
| **2 + 3 - MDBT** | 0,007 | 0,006 | - | - | 0,007 | 0,001 | 7,9 |
| **1 - MDBT** | 0,002 | 0,002 | - | - | 0,002 | 0,000 | 0,2 |

Idem Quadro 11.

Tabela FS. Razões de diagnóstico obtidas a partir do óleo bruto FS.

| **ü** | FS1 | FS2 | FS3 | FS4 | Baile de finalistas | SDs | DER |
|---|---|---|---|---|---|---|---|
| **P/F** | 1,943 | 1,940 | - | - | 1,941 | 0,003 | 0,1 |
| P/n-C17 | 0,697 | 0,703 | - | - | 0,700 | 0,004 | 0,5 |
| FZn-C18 | 0,381 | 0,405 | - | - | 0,393 | 0,017 | 4,3 |
| n-C19/n-C17 | 0,326 | 0,293 | - | - | 0,310 | 0,024 | 7,6 |
| H29/H30 | 0,330 | 0,365 | - | - | 0,347 | 0,024 | 7,0 |
| 10 x G30/G30 x C30 | 0,085 | 0,090 | - | - | 0,087 | 0,003 | 3,8 |
| M30/H30 | 0,682 | 0,653 | - | - | 0,668 | 0,021 | 3,1 |
| % S27 | 47,77 | 48,73 | - | - | 48,25 | 0,681 | 1,4 |
| % S28 | 25,38 | 23,96 | - | - | 24,67 | 0,998 | 4,0 |
| % S29 | 26,86 | 27,31 | - | - | 27,08 | 0,317 | 1,2 |
| D27/S27 | 1,551 | 1,496 | - | - | 1,523 | 0,039 | 2,5 |
| **IMP** | 1,004 | 1,000 | - | - | 1,002 | 0,003 | 0,3 |
| **Rc** | 0,992 | 0,990 | - | - | 0,991 | 0,002 | 0,2 |
| **% 4-MeDBT** | 57,65 | 56,77 | - | - | 57,21 | 0,627 | 1,1 |
| **% 2+3-MeDBT** | 34,11 | 34,02 | - | - | 34,06 | 0,063 | 0,2 |
| **% 1-MeDBT** | 8,241 | 9,217 | - | - | 8,729 | 0,690 | 7,9 |
| **DBT/Ph** | 0,086 | 0,083 | - | - | 0,084 | 0,002 | 2,4 |

Idem Quadro 12.

Printed by Books on Demand GmbH, Norderstedt / Germany